第十届中国花卉博览会

观花植物应用与赏析

池坚　杨娟　主编

中国林業出版社
China Forestry Publishing House

《第十届中国花卉博览会观花植物应用与赏析》

编委会

主　编：池　坚　杨　娟

副主编：叶志琴　王　琼

编　者：张睿婧　陈祖春　周　燕　涂佳丽

朱　彬　沈军林　朱汉高　张　宏

黄艳华　饶子维　王军晓　俞爱军

审　稿：施季森

图书在版编目（CIP）数据

第十届中国花卉博览会观花植物应用与赏析 / 池坚，杨娟主编 . -- 北京 : 中国林业出版社 , 2024.9

ISBN 978-7-5219-2651-4

Ⅰ . ①第… Ⅱ . ①池… ②杨… Ⅲ . ①花卉—观赏园艺—中国 Ⅳ . ① S68

中国国家版本馆 CIP 数据核字 (2024) 第 058285 号

责任编辑：张　华

装帧设计：朱麒霖

出版发行：中国林业出版社

（100009，北京市西城区刘海胡同 7 号，电话 010-83143566）

电子邮箱：43634711@qq.com

网址：https://www.cfph.net

印刷：北京博海升彩色印刷有限公司

版次：2024 年 9 月第 1 版

印次：2024 年 9 月第 1 次印刷

开本：710mm×1000mm 1/16

印张：10.5

字数：125 千字

定价：88.00 元

序

近日，收到《第十届中国花卉博览会花卉景观配置集锦》（简称《集锦》）主编新作，并受邀为《第十届中国花卉博览会观花植物应用与赏析》（简称《赏析》）作序。兹录书稿审读浅见以付，是为序。

《赏析》是《集锦》一书的姊妹篇。如说《集锦》是从宽广的立体视角向读者展示了观花植物配置的历史传承和现代元素交融，展现了花坛、花境之恢宏气势和丰富多彩专类园的应用场景；而《赏析》则是将镜头聚焦于第十届中国花卉博览会公共区域重点观花植物特性应用与赏析，并将植物按一二年生花卉、宿根花卉、球根花卉、灌木和水生花卉这五大功能类群进行了归类，并较系统地介绍了观赏植物形态特征、生态习性、应用场景以及栽培要点。同时，参照植物智、中国自然标本馆等植物信息系统，列出了花卉植物的中文名称、科属名、学名等信息。《赏析》不仅为上海地区花卉植物选择与栽培应用提供了丰富的参考资料，而且全书言语简洁平实，通俗易懂，不失为老少皆宜的观赏植物赏析和科普读本。

最后，再次感谢本书主编、编委会和中国林业出版社给我机会，先睹为快审读书稿。也期许《赏析》和《集锦》一样，发扬光大我国的花艺术和花文化，为建设美丽、文明、繁荣、富强的中国添彩。

南京林业大学　施季森

2024 年 5 月 18 日于南京

前言

2021 年 5 月 21 日至 7 月 2 日，第十届中国花卉博览会（以下简称第十届花博会）在上海崇明岛圆满举办。为确保本次盛会精彩难忘，上海种业（集团）有限公司于 2019 年年初组建专业技术团队入驻崇明岛，针对海岛特有的气候和土壤条件，以花期适宜、观赏性优、适生性强为关键指标，在观花植物品种筛选、生产培育以及园区景观提升、施工种植、智慧管养等方面进行深入研究，最终从 2452 个观花植物品种中筛选出 1020 个适生新优品种，完成约 137 万 m^2 的园区花卉布置与养护，使用花卉总量超 3000 万盆。

在系列工作的推进过程中，我们有幸获得了光明食品（集团）有限公司的坚定信任与鼎力支持，以及上海市农业农村委员会、上海市科学技术委员会的核心科技支撑和关键政策引领。第十届花博会重大项目的深入参与和成功实施，不仅提升了企业技术攻关能力，更为人才培养提供了宝贵契机。在此，我们向未能一一列出的集团同仁、行业专家及合作方等，致以诚挚的谢意！

为延续第十届花博会对上海市花卉产业发展的积极影响，本书作为《第十届中国花卉博览会花卉景观配置集锦》的姊妹篇，侧重于从花博会公共区域重要观花植物特性、应用与赏析出发，将涉及的植物按一二年生花卉、宿根花卉、球根花卉、花灌木和水生花卉这五大类群进行了归类，并对各种植物的中文名、学名、科属、物种形态特征、生态习性、园区内应用场景以及栽培要点等进行了介绍，旨在为上海地区花卉植物选择与应用提供参考，同时，期许对大众观赏植物知识的科普也有助益。

本书中涉及的植物中文名称、学名是以中国科学院植物研究所的植物智（www.iplant.cn）、中国自然标本馆（www.cfh.ac.cn）植物名录库为准进行校对。

由于编者经验有限，书中难免有遗漏、疏忽或不当之处，诚请读者指正，不胜感谢！

编者

2024 年 1 月

目 录

序

前 言

第一章 一二年生花卉

香彩雀 002
金鱼草 003
新几内亚凤仙花 004
苏丹凤仙花 005
醉蝶花 006
金鸡菊 007
秋英 008
蓝目菊 009
向日葵 010
白晶菊 011
黄帝菊 012
百日菊 013
四季秋海棠 014
五彩苏 015
蓝花鼠尾草 016
深蓝鼠尾草 017
一串红 018
舞春花 019
花烟草 020
碧冬茄 021
天竺葵 022
须苞石竹 023
千日红 024
蓝猪耳 025
地肤 026
蜀葵 027

第二章
宿根花卉

蓍 030
菊花 031
松果菊 038
黄金菊 039
宿根天人菊 040
银叶菊 041
大花滨菊 042
金光菊 043
联毛紫菀 044
萱草 045
火炬花 048
金边龙舌兰 049
玉簪 050
短莛山麦冬 053
芍药 054
细叶美女樱 055
柳叶马鞭草 056
细长马鞭草 057
长星花 058
桔梗 059
山桃草 060
紫叶山桃草 061
美丽月见草 062
钓钟柳 063
毛地黄钓钟柳 064
兔儿尾苗 065
穗花 066
蕨叶薰衣草 067
樱桃鼠尾草 068
林荫鼠尾草 069
天蓝鼠尾草 070
绵毛水苏 071
蓝花草 072
落新妇 073
肾形草 074
羽绒狼尾草 075
小盼草 076
花叶蒲苇 077
蓝羊茅 078
沙生赖草 079
斑叶芒 080
细茎针茅 081
花烛 082
五彩芋 083
花叶艳山姜 084
肾蕨 085
铁线莲 086
铁筷子 087
西伯利亚鸢尾 088
鸢尾 089
禾叶大戟 090
星花凤梨 091
马利筋 092
金叶过路黄 093
香石竹 094
木贼 095

第三章
球根花卉

百合	098
大花葱	105
朱顶红	106
紫娇花	109
蛇鞭菊	110
三角紫叶酢浆草	111
大花美人蕉	112
紫叶美人蕉	113

第四章
花灌木

绣球 116
欧洲月季 121
藤本月季 122
粉花绣线菊 123
金焰绣线菊 124
马缨丹 125
蔓马缨丹 126
叶子花 127
彩叶杞柳 128
红花檵木 129
锦绣杜鹃 130
金叶大花六道木 131
郁香忍冬 132
薰衣草 133
迷迭香 134
水果蓝 135
萼距花 136
金边胡颓子 137
珍珠相思 138
金叶女贞 139
雀舌黄杨 140
紫花醉鱼草 141
变叶木 142
一品红 143
非洲天门冬 144
朱蕉 145
香龙血树 146
黄金络石 147

第五章 水生花卉

莲 150
银边花菖蒲 151
黄菖蒲 152
水竹芋 153
花叶芦竹 154
水葱 155

参考文献 156

第一章 一二年生花卉

香彩雀 *Angelonia angustifolia*

别名 夏季金鱼草、天使花等。

要点介绍

车前科香彩雀属，多年生草本，作一二年生栽培。株高 25~60cm，全株被腺毛；唇形花瓣，花色淡雅，以紫色、蓝色、粉色、白色为主，自然花期 6~9 月，花量丰富，观赏期长，是优秀的草花品种，可作盆栽、地栽等使用。

喜温暖，喜光照，耐高温，耐盐碱；不耐严寒。雨季注意排水。适生性强，病虫害发生较少，露地景观应用时常见病虫害有叶斑病、蚜虫、粉虱等，须做好相应防治工作。

园区应用

本届花博会主要应用的品种有‘热舞’‘热曲’等系列。通过花期促成调控，提前花期，在崇明花博会园区内主要以花坛、花境等形式应用。

金鱼草　*Antirrhinum majus*

别名　龙头花、洋彩雀等。

要点介绍

车前科金鱼草属，多年生草本，常作一二年生栽培。株高30~80cm，茎直立，稍被毛，基部木质化；下部叶对生，上部叶互生，阔披针形至披针形；顶生总状花序，小花二唇形，花紫色、红色、黄色、白色及复色等，花果期6~10月。花型秀丽，是优秀的园林景观花卉，常用于花坛、花境、岩石园等，也可作切花。

喜光照充足，喜凉爽气候，耐半阴，较耐寒；忌酷热，忌水湿。喜疏松肥沃、排水良好、富含腐殖质的土壤。栽培期间须注意加强对叶枯病、灰霉病、蚜虫等病虫害的防治。

园区应用

本届花博会主要应用的品种有‘火箭’‘至日’等系列。通过花期促成调控，提前花期，在崇明花博会园区内主要以花境、路边栽植等形式应用。

新几内亚凤仙花 *Impatiens hawkeri*

别名 五彩凤仙花、四季凤仙、霍克水仙。

要点介绍

凤仙花科凤仙花属，多年生草本，作一二年生栽培。株高20~30cm；叶脉红色，叶色四季常绿；茎秆肉质，易折断；花色丰富、明亮，花期长，自然花期6~9月。

喜炎热；不耐寒，怕霜冻。宜种植在肥沃且排水良好的土壤中。栽培环境加强通风，降低灰霉病、茎腐病等病害的发生率。

园区应用

本届花博会主要应用的品种有‘反弹’等系列，在崇明花博会园区内主要以花坛、花境等形式应用。

苏丹凤仙花 *Impatiens walleriana*

别名 非洲凤仙花、玻璃翠、沃勒凤仙等。

要点介绍 凤仙花科凤仙花属，多年生草本，作一二年生栽培。株高25~60cm，茎直立且光滑；叶互生，叶色亮绿；花朵繁密，花色明艳，是优秀的盆栽及园林景观应用花卉。苏丹凤仙花喜温暖，在合适条件下可实现周年生产。

喜阳光充足；忌烈日暴晒，夏季需适当遮阴，不耐干旱，不耐积水。

园区应用 本届花博会主要应用的品种有‘超级精灵’‘领航’‘翼豹’系列。通过花期抑制调控，延长花期，在崇明花博会园区内主要以花坛、花境等形式应用。

醉蝶花 *Tarenaya hassleriana*

别名 西洋白花菜、凤蝶草、紫龙须等。

要点介绍

白花菜科醉蝶花属，一二年生草本。植株有特殊气味，掌状复叶，茎秆有细毛，株高 1~1.5m；总状花序顶生，花瓣披针形向外反卷，多为红色、白色，自然花期 6~9 月，是优秀的观赏花卉、蜜源植物。

适生性强，喜高温，耐干旱；不耐积水，不耐严寒。对土壤的要求不严。在高温高湿季节，须注意加强叶斑病、锈病等病害的防治，加强通风，降低湿度，冬季注意保温防冻。

园区应用

本届花博会主要应用的品种有‘宝石’‘烟花’等系列。在崇明花博会园区内主要以花坛、花境等形式应用。

金鸡菊 *Coreopsis basalis*

别名 多花金鸡菊等。

要点介绍

菊科金鸡菊属植物，一年生或二年生草本，株高 30~ 60cm，分枝多，茎疏被柔毛；叶片多对生，有叶柄，叶片羽状分裂，裂片卵圆形至长圆形，上部叶片有时线形；头状花序单生于枝顶，少数成伞房状，花梗长，舌状花先端具齿，黄色，基部紫褐色，管状花紫黑色，自然花期 7~9 月，是优秀的园林景观应用花卉，常用于花境、草坪边缘、坡地等。

喜阳光充足，耐半阴，耐寒，耐干旱瘠薄；不耐热。对土壤要求不严，喜排水良好的砂质土壤。栽培期间须注意加强对白粉病、褐斑病、蚜虫等病虫害的防治。

园区应用

本届花博会主要应用的品种有‘阿迪莫’‘科瑞’等。在崇明花博会园区内主要以花境、林缘种植等形式应用。

秋英 *Cosmos bipinnatus*

别名 波斯菊、大波斯菊等。

要点介绍 菊科秋英属，一年生草本。株高 1~2m，茎秆光滑或稍被柔毛；叶二回羽状深裂；头状花序，舌状花以粉色、紫色、白色、黄色为主，自然花期 6~8 月，是良好的园林地被花卉，可作花海应用。

生长旺盛，喜光照，耐贫瘠；忌积水。撒播后成活率较高。

园区应用 本届花博会主要应用的品种有‘阿波罗’等系列，在崇明花博会园区内主要以花坛、花境等形式应用。

蓝目菊 *Dimorphotheca ecklonis*

别名 南非万寿菊、非洲异果菊等。

要点介绍 菊科异果菊属，多年生草本，作一二年生栽培。株高30~45cm，茎绿色；叶长圆状匙形；头状花序单生，花色丰富，有白色、粉色、红色、蓝色、紫色等，花期长，自然花期6~10月，是很好的园林景观应用花卉。

喜阳光充足，喜温暖，喜湿润、通风良好的环境，具耐干旱和一定的耐寒能力。喜疏松、透气、肥沃的砂质土壤。须注意加强排水，避免烂根。

园区应用 在崇明花博会园区内主要以花境、边缘种植等形式应用。

向日葵 *Helianthus annuus*

别名 葵花、太阳花、向阳花等。

要点介绍 菊科向日葵属，一年生草本。株高 1~3m，茎被白色粗硬毛；叶互生，基出三脉；头状花序大，直径 10~30cm，单生于茎或枝顶，总苞片叶质，多层，舌状花多数黄色，管状花棕色或紫色，极多数，自然花期 7~9 月，适合花境、花坛等景观应用。

喜阳光充足、温暖潮湿环境，耐旱。对土壤要求较低，碱性土壤中可正常生长。高温高湿季节须注意加强霜霉病、锈病、向日葵列当等病草害的防治工作。

园区应用 本届花博会主要应用的品种有‘无限阳光’等。通过花期促成调控，提前花期，在崇明花博会园区内主要以花境、花带等形式应用。

白晶菊 *Mauranthemum paludosum*

要点介绍

菊科白晶菊属，二年生草本。株高15~25cm，叶互生，一至二回羽状分裂；头状花序顶生，花盘状，花形似雏菊，花多，舌状花银白色，管状花金黄色，花期3~5月。开花繁茂，是优秀的园林景观花卉，常用于花坛、花境、林缘等，也可作地被。

喜光照充足，光照不足时开花不良，喜温暖湿润的环境，较耐寒；不耐高温，不耐贫瘠，忌水涝。喜疏松肥沃的土壤。高温高湿季节易发生叶斑病、枯萎病等病害，须加强相应防治措施，及时摘除病叶。

园区应用

在崇明花博会园区内主要以花境、林缘点缀等形式应用。

黄帝菊 *Melampodium divaricatum*

别名 美兰菊、皇帝菊等。

要点介绍 菊科黑足菊属，一年生草本。株高20~50cm，分枝茂密，全株粗糙；叶对生，卵圆形至长卵圆形，叶缘有锯齿；头状花序，总苞黄褐色，半球形，舌状花金黄色，花期长，春季至秋季均可开花，是优秀的地被花卉，常用于花坛、花境、岩石园等。

喜阳光充足，喜温暖干燥环境，较耐热，稍耐干旱，耐瘠薄；忌积水。对土壤要求不严，但在富含腐殖质、排水良好的土壤中生长更好。栽培时须注意加强对炭疽病、枯萎病、蚜虫等病虫害的防治。

园区应用 本届花博会主要应用的品种有'聚宝盆'等。在崇明花博会园区内主要以花境、观花地被等形式应用。

花博会筹备期间黄帝菊生产场景

百日菊 *Zinnia elegans*

别名 百日草、步步高、火球花、秋罗等。

要点介绍

菊科百日菊属，一年生草本。株高 30~100cm；叶片对生；舌状花倒卵圆形，重瓣，花色多为红色、粉色、黄色、白色等，自然花期 6~9 月，是常见的园林景观应用花卉。

生长旺盛，喜光照，耐干旱；但不耐寒，不耐高温。对白星病、黑斑病、花叶病、蚜虫等病虫害的防治要以预防为主，及时摘除病株病叶，并避免连作。

园区应用

本届花博会主要应用的品种有‘麦哲伦’‘宝莎’‘丰盛’等系列。通过花期促成调控，提前花期，在崇明花博会园区内主要以花坛、花境等形式应用。

四季秋海棠 *Begonia cucullata*

别名 四季海棠、瓜子海棠、玻璃翠等。

要点介绍 秋海棠科秋海棠属，多年生草本，作一二年生栽培。株高15~35cm；茎直立，肉质，无毛；叶互生，有光泽，叶片卵形或宽卵形，主脉微红；花有白色、粉色、红色等；花繁密，分枝多，花期长，自然花期3~12月，适合家庭园艺、园林景观应用。

喜温暖，喜湿润；不耐高温，不畏严寒。生长期间需避免强光直射。在高温高湿季节，注意做好茎腐病、蚜虫、红蜘蛛等病虫害的防治工作。

园区应用 本届花博会主要应用的品种有‘超奥’‘大使’‘鸡尾酒’等系列。通过花期抑制调控，延长花期，在崇明花博会园区内主要以花坛、花境等形式应用。

五彩苏 *Coleus scutellarioides*

别名 彩叶草、五色草、锦紫苏等。

要点介绍

唇形科鞘蕊花属，多年生草本，作一年生花卉栽培。株高50~80cm，茎四棱形，具分枝，稍被柔毛；叶对生，卵形，先端钝至短渐尖，叶缘有锯齿，两面被微柔毛，叶片具紫、深红、绿、黄、桃红等色斑纹；轮伞花序组成圆锥花序，淡蓝色或淡紫色，花期7~9月，观赏期近全年，是优秀的园林彩叶地被植物，常用于地被、花坛、路缘等。

喜阳光充足、温暖湿润的环境，稍耐阴，夏季高温须遮阴，其他季节需全光照，稍耐热；不耐寒。喜肥沃湿润、排水良好的中性砂质土壤。栽培期间须注意加强对猝倒病、灰霉病、白粉虱等病虫害的防治。

园区应用

本届花博会主要应用的品种有‘大瀑布’‘巨无霸’‘奇才’等系列。在崇明花博会园区内主要以花坛、地被等形式应用。

蓝花鼠尾草 *Salvia farinacea*

别名 粉萼鼠尾草、一串蓝等。

要点介绍 唇形科鼠尾草属，多年生草本，作一二年生栽培。株高60~90cm，丛生状，分枝多，全株被柔毛；叶对生，基部叶长椭圆形，上部叶披针形；轮伞花序组成假总状或圆锥花序，花唇形，花期长且开花不断，花色丰富，有蓝色、紫色、淡红色、白色等，自然花期7~10月，是优秀的园林景观应用花卉，常用于花坛、花境、路边绿化等。

喜阳光充足，喜温暖，较耐热，耐干旱贫瘠；不耐寒。对土壤要求不严，但以肥沃、排水良好的土壤为佳。栽培期间须注意加强对猝倒病、叶斑病、粉虱等病虫害的防治。

园区应用 在崇明花博会园区内主要以花境、草坪点缀等形式应用。

深蓝鼠尾草 *Salvia guaranitica* ‘Black and Blue’

别名 洋苏叶等。

要点介绍 唇形科鼠尾草属，一年生草本。株高 40~70cm，枝条较为粗壮；叶对生，深绿色，卵圆形，先端渐尖，基部心形，叶缘有锯齿，有明显的叶脉；花序较长，轮伞花序，组成总状穗状花序或圆锥花序，小花长筒形，冠檐二唇形，花深蓝色，自然花期 5~11 月。花型奇特，色泽艳丽，是优秀的园林景观花卉，常用于花境、庭院、园路边缘等。

喜光照充足、温暖的环境，喜湿润，但不耐积水。对土壤要求不严，但疏松肥沃、富含腐殖质的土壤中生长更好。适应性强，少见病虫害，栽培期间偶有蚜虫等发生，须做好相应防治措施。

园区应用 在崇明花博会园区内主要以花境、岩石园、园路边缘种植等形式应用。

一串红 *Salvia splendens*

别名 爆仗红、炮仗红、象牙红、西洋红等。

要点介绍 唇形科鼠尾草属，多年生草本至灌木，作一二年生栽培。株高20~90cm，茎直立，四棱形；叶片卵圆形；总状花序，花量大，花色艳丽，有红色、粉色、白色等，自然花期3~10月，是很好的园林景观应用花卉。

喜阳光充足，喜温暖；不耐寒。喜肥沃、排水良好的砂质土壤。盆栽移栽成活后需进行打顶，促进侧芽萌发。高温季节会发生白粉病、锈病、蚜虫、介壳虫等病虫害，须做好防治工作。

园区应用 本届花博会主要应用的品种有'展望'等系列。通过花期抑制调控，延长花期，在崇明花博会园区内主要以花坛、花境等形式应用。

舞春花 *Calibrachoa elegans*

别名 小花矮牵牛、百万小铃、海滨矮牵牛等。

要点介绍

茄科舞春花属，多年生草本，常作一年生栽培。株高 15~20cm，茎细弱；枝条蔓性；叶互生，宽披针形或狭椭圆形；花单生，花冠漏斗状，先端 5 裂，有单瓣、半重瓣、重瓣、瓣缘褶皱等，花色丰富，有红色、橙色、粉红色、黄色、紫色、白色及复色等，花期 4~10 月，是优秀的花坛及园林露地景观应用花卉。

喜阳光充足、温暖湿润的环境，耐半阴；不耐水湿。喜疏松肥沃、排水良好的土壤。对红蜘蛛、蚜虫等病虫害的防治以预防为主，栽培中须注意加强排水和通风透光。

园区应用

本届花博会主要应用的品种有‘炫彩’‘超级’系列等。通过花期促成调控，提前花期，在崇明花博会园区内主要以花坛、花境等形式应用。

后花博时期 - 舞春花温室生产

花烟草 *Nicotiana alata*

别名 大花烟草、长花烟草等。

要点介绍

茄科烟草属，多年生草本，作一二年生栽培。株高 60~150cm，茎直立粗壮，全株被粘毛；基生叶稍抱茎，卵形，茎生叶向上渐小，接近花序呈披针形；总状花序，花冠漏斗形，花色丰富明艳，有紫色、红色、粉色、白色等，自然花期 4~10 月，是优秀的园林景观应用花卉。

长日照植物，光照不足易徒长，喜温暖，较耐热，耐旱；不耐寒，忌积水。喜疏松肥沃、富含有机质的砂质壤土。高温高湿季节须注意加强对叶腐病、霜霉病、蚜虫等病虫害的防治，加强栽培环境通风透光。

园区应用

在崇明花博会园区内主要以花境、花坛等形式应用。

碧冬茄 *Petunia × hybrida*

别名 矮牵牛、灵芝牡丹、撞羽朝颜等。

要点介绍

茄科矮牵牛属，多年生草本，作一年生栽培。株高 10~40cm，全株被毛；叶片卵圆形，互生，花漏斗状，单生于枝条顶端或叶腋，有重瓣、单瓣、半重瓣等花型，花色丰富，有红色、粉色、白色、紫色等，自然花期 5~10 月，是优秀的花坛、露地园林绿化花卉。

喜温暖，喜光照充足、通风良好的生长环境；忌高温酷热，不耐寒，不耐涝。喜疏松肥沃、透气性好的砂质壤土。高温高湿季节须注意猝倒病、茎腐病、蚜虫、红蜘蛛等病虫害的防治，加强通风。

园区应用

本届花博会主要应用的品种有‘波浪’‘潮波’‘雨林’等系列。通过花期抑制调控，延长花期，在崇明花博会园区内主要以花坛、花境等形式应用。

后花博时期 - 碧冬茄温室生产

天竺葵 *Pelargonium hortorum*

别名 洋绣球、石腊红、蝴蝶梅等。

要点介绍 牻牛儿苗科天竺葵属，多年生草本，作一二年生栽培。株高30~60cm，全株有强烈气味，被细茸毛，茎肉质，基部木质化；单叶互生，叶柄长，叶面具紫红色马蹄纹；伞形花序腋生，花色丰富，有大红色、粉红色、桃红色、白色等，自然花期5~7月。开花繁密，是优秀的园林景观应用花卉。

喜凉爽、阳光充足、排水好的环境，耐半阴，稍耐干旱；忌高温，不耐寒，不耐涝，积水易烂根。在高温高湿季节，注意做好叶斑病、灰霉病、线虫等病虫害的防治工作，加强栽培环境通风透光，降低湿度。

园区应用 本届花博会主要应用的品种有'夏雨''中子星'等系列，通过花期抑制调控，延长花期，在崇明花博会园区内主要以花坛、花境等形式应用。

后花博时期 - 天竺葵温室生产

须苞石竹 *Dianthus barbatus*

别名 五彩石竹、美国石竹、十样锦等。

要点介绍 石竹科石竹属，多年生草本，作一二年生栽培。株高45~60cm，无毛，茎直立具棱；叶对生，披针形；头状花序，总苞片叶状，有单瓣、重瓣和具环纹、斑点、镶边等复色品种，花色丰富，有紫红色、粉红色、白色等，自然花期5~10月，是优秀的园林地被花卉，可作花境和草坪边缘点缀等应用。

喜阳光充足，喜高燥、凉爽通风的环境，耐寒性强；不耐阴，不耐热。在疏松肥沃、排水良好、含石灰质的土壤中生长更好，忌水涝。高温高湿季节须注意加强对立枯病、锈病、红蜘蛛等病虫害的防治，加强栽培环境排水和通风透光。

园区应用 在崇明花博会园区内主要以花坛、花境等形式应用。

千日红 *Gomphrena globosa*

别名 火球花、百日红等。

要点介绍

苋科千日红属，一年生草本。株高 20~60cm，茎直立粗壮，被灰色糙毛，有分枝；叶对生，纸质，椭圆形至倒卵圆形；头状花序顶生，球形或长圆形，1~3 个着生，总花梗长，花开后不凋，色泽不褪，有紫红色、淡紫色、橙色、粉红色、白色等，自然花期 6~7 月，是优秀的园林景观应用花卉，也可作切花。

喜温暖干燥、阳光充足的环境，耐热、耐旱；不耐寒，怕积水。喜疏松肥沃、排水良好的土壤。栽培中须注意加强对立枯病、根腐病、蚜虫等病虫害的防治。

园区应用

本届花博会主要应用的品种有‘乒乓’‘拉斯维加斯’‘QIS’等系列。在崇明花博会园区内主要以花境、花甸等形式应用。

蓝猪耳 *Torenia fournieri*

别名 夏堇、兰猪耳。

要点介绍

母草科蝴蝶草属，一年生草本。株高 15~50cm，株丛紧密整齐，茎无毛，具 4 窄棱；叶对生，卵形或卵状披针形，叶缘有带短尖的粗锯齿；花在枝顶排列成总状花序，唇形花冠，花萼膨大，花色有紫色、蓝紫色、桃红色、紫青色等，花果期 6~12 月，是优秀的园林地被花卉，常用于花坛、草坪点缀等。

喜光照，稍耐阴，耐寒，耐高温；不耐干旱。喜疏松肥沃、排水良好的土壤。栽培期间须注意加强对立枯病、叶斑病、蓟马等病虫害的防治。

园区应用

本届花博会主要应用的品种有‘可爱’‘轻吻’等系列。通过花期促成调控，提前花期，并在崇明花博会园区内主要以花坛、草坪点缀等形式应用。

地肤 *Bassia scoparia*

别名 扫帚菜、观音菜等。

要点介绍 苋科沙冰藜属，一年生草本。株高 50~100cm，株丛紧密，卵圆形至球形，被长柔毛，茎基部半木质化，分枝多；单叶互生，线状披针形或披针形，嫩绿色，秋季全株紫红色；圆锥状花序，淡绿色，花期 6~9 月，是优秀的园林地被植物，常用于花境、花坛、草坪点缀等，也可作绿篱。

喜光照充足，喜温暖，极耐热，耐干旱瘠薄；不耐寒冷。适应性强，不择土壤，较耐盐碱，在疏松肥沃、富含腐殖质的土壤中生长更好。栽培期间须注意加强对蚜虫等虫害的防治。

园区应用 在崇明花博会园区内主要以花境、草坪点缀等形式应用。

蜀葵 *Alcea rosea*

要点介绍

锦葵科蜀葵属，多年生草本，作一二年生栽培。株高 1~2m，茎直立，全株被毛，少分枝；叶互生，5~7 掌状浅裂或波状棱角，叶表面粗糙，凹凸不平；总状花序顶生，有单瓣、重瓣等品种，花色有紫色、红色、粉色、白色、复色等，自然花期 6~8 月，是优秀的夏季园林花卉，常用于花境、花坛等。

喜凉爽气候，喜阳光充足，耐半阴；忌炎热，忌水涝。喜深厚肥沃、排水良好的土壤。高温高湿季节易发生白斑病、褐斑病等，须注意做好防治工作，加强栽培环境通风透光，及时清理病叶。

园区应用

本届花博会主要应用的品种有‘春庆’等。在崇明花博会园区内以花境、园路边缘点缀等形式应用。

第二章

宿根花卉

蓍 *Achillea millefolium*

别名 西洋蓍草、锯叶蓍草、千叶蓍等。

要点介绍

菊科蓍属，多年生草本。株高 30~100cm，茎直立，被白色长柔毛；叶无柄，二至三回羽状深裂成线形，叶基半抱茎；头状花序密生成复伞房状，有香气，花色丰富，有白色、粉色、黄色、淡紫红色等，花果期 7~9 月，常应用于花坛、花境等，也可作切花。

光照充足及半阴下均能正常生长，喜温暖湿润环境，耐寒、耐旱。适应性强，在富含有机质及石灰质、排水良好的砂质土壤上生长更好。栽培中须注意对水分的控制，水分过多易徒长，积水易烂根。

园区应用

本届花博会主要应用的品种有‘粉白千叶蓍’等。在崇明花博会园区内主要以花坛、花境等形式应用。

菊花 *Chrysanthemum morifolium*

别名 金英、女华、日精、周盈、寿客、延年等。

要点介绍

菊科菊属，多年生草本，也作一二年生栽培。菊花按照品种特征，分为独本菊、多本菊、大立菊、小立菊、切花菊、地被菊，本次花博会应用的主要为多本菊。株高 15~40cm，一株数花，枝叶繁茂，花多繁密，着花整齐，株型饱满，造型美观，自然花期 10~11 月，是优秀的盆花、地被植物。

适生性强，具有耐高温、耐寒、耐干旱、耐盐碱、管理粗放等优点。抗病虫害能力较强，对褐斑病、花叶病、锈病、白粉病、红蜘蛛、蚜虫等主要病虫害，注意要用两种以上的药物交替使用，以防发生抗药性。

园区应用

本届花博会主要应用的品种有‘红丝绒’‘小橙’‘骄阳’‘香腮雪’‘紫鬓云’‘雨燕’等。通过光照、温度等花期调控技术实现春季、夏季（5~7 月）开花，在崇明花博会园区内主要以花坛、花境等形式应用。

菊花‘红丝绒’

‘红丝绒’是秋花型盆栽菊，盛开时株高 22cm，盆栽（3 株 / 盆）冠幅 31cm，摘心后单株分枝数 3 枝，单株小花（花序）数平均 24 朵。

花型为单瓣型，花序直径 5.65cm，花瓣大红色，表面有丝绒状纹路，花盘黄绿色，花色鲜艳。自然花期 11 月初至 12 月初。抗逆性和适应性较强。

菊花‘小橙’

‘小橙’是秋花型盆栽小菊，盛开时株高 24cm，盆栽（3 株 / 盆）冠幅 30cm，摘心后单株分枝数 4~5 枝，单株小花（花序）数平均 32 朵。

花序直径 4.33cm，花瓣 2~3 轮，花瓣橙黄色，花盘绿色。自然花期 11 月初至 12 月初。‘小橙’植株分枝性强，单株花量大，盆栽冠幅大。抗逆性和适应性较强。

菊花‘骄阳’

‘骄阳’是秋花型盆栽小菊，盛开时株高 26.43cm，盆栽（3 株 / 盆）冠幅 36.28cm，摘心后单株分枝数 3 枝，单株小花（花序）数平均 28 朵。

舌状花 2~3 轮，花瓣橙红色，花盘黄色。花朵稠密，花色鲜艳，着花整齐。自然花期 11 月初至 12 月初。‘骄阳’花型紧凑丰满。抗逆性和适应性强，种苗易繁殖。

菊花‘香腮雪’

‘香腮雪’是秋花型盆栽菊，盛开时株高 38.67cm，冠幅 39.33cm（3 株 / 盆），株型圆整。

花型为托桂型，单花直径 44.16mm，舌状花紫粉色，2 轮，管状花未开放时为暗红色，开放后为紫粉色且顶端黄绿色。单株小花数平均 32 朵。自然花期 11 月初至 12 月初。花色多变，花型奇特。抗逆性强。

菊花‘紫鬓云’

‘紫鬓云’是秋花型盆栽菊，盛开时株高 40.33cm，冠幅 42.33cm（3 株 / 盆），株型圆整。

花型为托桂型，单花直径 62.90mm，外轮舌状花紫红色，2 轮，中间部分的管状花未开放时为金黄色，开放后为紫红色。单株小花数平均 43 朵。自然花期 11 月初至 12 月初。花型奇特，花朵稠密。抗逆性强。

菊花‘雨燕·渐变橙’

‘雨燕’系列属于盆栽小菊品种，其中‘雨燕·渐变橙’为双色品种，单瓣，花瓣正面为橙色，背面为黄色，花心为绿色，花色新颖独特；成花反应时间短，平均5.5天即可；植株低矮，分枝多，长势健壮，栽培养护简便；花瓣密集，色彩鲜艳，观赏效果佳。

后花博时期 - 菊花温室生产

松果菊 *Echinacea purpurea*

别名 紫松果菊、紫锥菊、紫锥花等。

要点介绍 菊科松果菊属，多年生草本。株高 60~150cm，全株被粗毛，茎直立；叶柄基部稍抱茎；头状花序，单朵或数朵聚生于枝顶，花大，直径可达 8~10cm，花色丰富，有红色、黄色、白色、粉色、紫色等，自然花期 6~9 月，花色艳丽，是优秀的园林景观应用花卉。

喜阳光充足及温暖的环境，稍耐阴，耐寒；不耐湿热。喜深厚肥沃、排水良好的土壤。栽培中须加强对根腐病、黄叶病、青虫等病虫害的防治，加强排水及通风透光。

园区应用 本届花博会主要应用的品种有‘冰淇淋球’‘匠心’‘盛情’等系列。在崇明花博会园区内主要以花境、花海等形式应用。

黄金菊　*Euryops pectinatus*

别名　梳黄菊、南非菊、银叶金木菊等。

要点介绍　菊科黄蓉菊属，一年生或多年生草本。株高 30~50cm；叶互生，长椭圆形，羽状深裂，裂片披针形；头状花序，管状花及舌状花均为金黄色，自然花期 5~10 月，花期长，是优秀的观花植物，可作花境、花坛及地被使用。

喜阳光充足，喜温暖，稍耐寒。对土壤要求不严，湿润肥沃的壤土生长更好。雨季注意排水，调节通风透光，加强对灰霉病、叶斑病、白粉病等病害的防治。

园区应用　通过花期抑制调控，延长花期，在崇明花博会园区内主要以花境、地被等形式应用。

宿根天人菊 *Gaillardia aristata*

别名 大天人菊、车轮菊等。

要点介绍 菊科天人菊属，多年生宿根草本。株高 60~100cm，全株被粗硬毛；头状花序顶生，由外部橙红色舌状花和中心的紫褐色管状花组成，自然花期 7~9 月，常作花坛、花境等应用。

养护简单，喜阳光充足，喜温暖，耐热，耐旱，须保持通风良好。忌积水，须种植于排水良好的土壤。栽培期注意炭疽病的防治，虫害发生较少，可通过及时中耕除草，提高植株的抗病性。

园区应用 在崇明花博会园区内以花坛、花境等形式应用。

银叶菊 *Jacobaea maritima*

别名 雪叶莲等。

要点介绍 菊科疆千里光属，多年生草本。株高 50~80cm，分枝多，茎灰白色；叶被银白色柔毛，一至二回羽状分裂；头状花序单生于枝顶，集成伞房状，花小，黄色，管状花褐黄色，自然花期 6~9 月。叶片银白色，是观赏价值很高的观叶花卉，常用于家庭园艺、花坛、花境等。

喜光照充足、凉爽湿润环境，较耐寒；不耐高温。喜疏松肥沃的土壤。栽培时须注意加强对叶斑病、茎腐病等病虫害的防治。

园区应用 本届花博会主要应用‘银灰’等品种。在崇明花博会园区内以花坛、花境等形式应用。

大花滨菊 *Leucanthemum maximum*

别名 大白菊等。

要点介绍 菊科滨菊属，多年生草本。株高 30~70cm，茎直立，少有分枝；叶长倒披针形，具细尖锯齿，叶互生，基部叶长，上部叶渐短；花梗长，头状花序单生于枝顶，花大，白色，自然花期 7~9 月。株丛紧凑，是优秀的园林露地景观应用花卉，可作花境、花甸和庭院美化等。

喜阳光充足、温暖湿润、排水良好的环境，耐半阴，较耐寒。对土壤要求不严。高温高湿季节须注意加强白粉病、茎腐病、蚜虫等病虫害的防治，加强栽培环境通风透光。

园区应用 在崇明花博会园区内以花坛、花境等形式应用。

金光菊 *Rudbeckia laciniata*

别名 黑眼菊、金花菊、太阳光等。

要点介绍

菊科金光菊属，多年生草本。株高 80~150cm，茎上部有分枝；叶互生，无毛或稍被短毛，下部叶叶缘有锯齿，不分裂或5~7 羽状深裂，中部叶 3~5 深裂，上部叶不分裂，叶背边缘被短糙毛；头状花序单生于枝顶，花梗长，总苞半球形，苞片 2 层，花托球形，舌状花金黄色，管状花黄色或黄绿色，自然花期 7~10 月。株型大，花朵繁多，是优秀的园林景观应用花卉，常用于花境、草坪边缘等，也可作切花。

喜阳光充足、通风良好的环境，耐寒性强，耐干旱；忌水湿。喜疏松、排水良好的土壤。适应性强，病虫害较少，栽培简单。

园区应用

本届花博会主要应用的品种有‘金曲’‘金色风暴’等。在崇明花博会园区内主要以花境、草坪点缀等形式应用。

联毛紫菀 *Symphyotrichum novi-belgii*

别名 荷兰菊、荷兰紫菀等。

要点介绍 菊科联毛紫菀属，多年生草本。株高 30~80cm，茎直立，多分枝，有地下走茎，全株被粗毛；叶互生，长圆形至条状披针形，近全缘，上部叶无柄，基部叶稍抱茎；头状花序单生，在枝顶排列成伞形花序，花蓝紫色、紫红色等，花果期 8~10 月，是优秀的园林景观应用花卉，常用于花坛、花境、路边栽培等。

喜光照充足、温暖湿润、通风良好的环境，耐干旱瘠薄；不耐热。适应性强，喜疏松肥沃、排水良好的土壤。雨季须注意加强对白粉病、黑斑病等病害的防治，栽培期间易出现蚜虫、红蜘蛛等虫害，须做好相应防治措施。

园区应用 在崇明花博会园区内主要以花境、园路点缀等形式应用。

萱草 *Hemerocallis fulva*

别名 金针菜、鹿葱、川草花、忘忧草、丹棘、摺叶萱草、黄花菜等。

要点介绍

阿福花科萱草属，多年生草本。叶片披针形，肉质根状茎短粗，花茎高 70~120cm，花色多为黄色、红色，无芳香，花大艳丽，自然花期 6~8 月，是优秀的园林地被植物。

养护简单，抗逆性强，喜光，耐寒，耐干旱。须种植于排水良好的地段。要严格防治锈病、叶枯病、炭疽病，及时清理杂草，减少病虫害的发生。

园区应用

本届花博会主要应用的品种有‘风暴’‘爵施蔻’‘隆戈橙’等。在崇明花博会园区内主要以萱草专类园、花坛、花境等形式应用。

品种

萱草‘风暴’

‘风暴’是盆栽萱草品种；花色鲜艳，花瓣为粉橙色，表面带有紫色斑块，基部黄绿色，花瓣向两侧反折；花大，单花直径 20cm；植株低矮，株高 45cm，花莛与叶片同高；上海地区开花时间为 5 月 25 日至 6 月 12 日，是优良的盆栽萱草品种之一。

萱草‘爵施蔻’

‘爵施蔻’是盆栽萱草品种；花色鲜艳，花瓣为粉橙色，基部渐变至深粉色，花瓣边缘有波浪状褶皱；花朵大小适中，单花直径 9cm；植株低矮，株高 55cm，花莛与叶片同高；花期长，上海地区开花时间为 5 月 25 日至 6 月 27 日，是优良的盆栽萱草品种之一。

萱草‘隆戈橙’

‘隆戈橙’是盆栽萱草品种；花色鲜艳，花瓣为橙色，表面有深色条纹，基部渐变至黄色，花瓣边缘有波浪状褶皱；花朵大小适中，单花直径 8cm；植株低矮，株高 25cm，花莛 30cm；早花，上海地区开花时间为 5 月 10 日至 5 月 28 日，是优良的盆栽萱草品种之一。

萱草‘奇异蜘蛛’

‘奇异蜘蛛’是盆栽萱草品种；花瓣表面呈粉色，基部为黄绿色，色彩清新；花大，单花直径 20cm；植株低矮，株高 40~45cm，花莛高于叶片，50~70cm；上海地区开花时间为 5 月 25 日至 6 月 12 日，是优良的盆栽萱草品种之一。

火炬花 *Kniphofia uvaria*

别名 火把莲、红火棒等。

要点介绍 阿福花科火把莲属，多年生草本。株高 80~120cm，茎直立；叶丛生，草状，剑形，叶片基部内折，抱合成假茎，叶片中部或中上部开始向下弯曲，很少直立；数百朵筒状小花着生成总状花序，呈火炬形，花冠橘红色，花期 6~10 月。花茎挺拔，花序大，是独特的园林景观应用花卉，常用于花坛、花境、庭院等。

喜阳光充足，喜温暖，耐半阴，稍耐寒；不耐炎热，忌水涝。喜疏松肥沃、排水良好、富含腐殖质的砂质土壤。栽培期间须注意加强对锈病、金龟子等病虫害的防治。

园区应用 在崇明花博会园区内主要以花境、林缘点缀等形式应用。

金边龙舌兰 *Agave americana* var. *marginata*

要点介绍　天门冬科龙舌兰属，多年生草本，龙舌兰的园艺变种。株高约1.5m，没有明显的茎；叶基生，莲座状排列，倒披针形，叶缘有锯齿，先端具硬尖刺，叶片灰绿色，叶缘金黄色；花茎着生于植株中央，可达6m，圆锥花序巨大，花黄绿色，是优秀的观叶植物，常用于花境、花坛、草坪等。

喜光照充足，光照不足时易徒长，喜温暖干燥、通风良好的环境，较耐寒，耐高温，耐干旱；忌积水，喜肥沃、排水良好的土壤。栽培期间须注意加强对褐斑病等病虫害的防治。

园区应用　在崇明花博会园区内主要以花境、草坪等形式应用。

玉簪 *Hosta plantaginea*

别名 玉春棒、白鹤仙、小芭蕉、白玉簪、吉祥草等。

要点介绍 天门冬科玉簪属，多年生草本。叶基生，叶片卵形至心状卵形；顶生总状花序，花形似簪，花色洁白，是很好的观花、观叶植物。

性强健，典型的阴生植物，喜半阴，喜潮湿，较耐寒；不耐阳光直射。在养护期间，须做好炭疽病、叶斑病、蜗牛、青虫等病虫害的防治工作。

园区应用 本届花博会主要应用的品种有‘百老汇’‘河畔’‘卡林’‘春曦’等。在崇明花博会园区内主要以玉簪品种展示园、花坛、花境等形式应用。

品种

玉簪‘百老汇’

‘百老汇’属于双色品种，株高 40cm，直径 60cm；叶片椭圆形，绿色，叶中央有乳白色宽条纹；夏季开花。喜疏松且排水良好的土壤，养护管理简便，可用作林地边界、盆栽或切花栽培，是优良的玉簪品种之一。

玉簪‘河畔’

‘河畔’属于双色品种，株高约 20cm，直径 25cm；叶片光滑，边缘为绿色，中间为黄色；花淡紫色，夏季开花。喜疏松且排水良好的土壤，养护管理简便，可用作林地边界、盆栽或切花栽培，是优良的玉簪品种之一。

玉簪‘卡林’

‘卡林’属于双色品种，株高40cm，直径65cm；叶片宽杯状，蓝色，带白边；花淡紫色，夏季开花。喜疏松且排水良好的土壤，养护管理简便，可用作林地边界、盆栽或切花栽培，是优良的玉簪品种之一。

玉簪‘春曦’

‘春曦’属于双色品种，株高40cm，直径80cm；叶片黄绿色，边缘乳白色；花白色，夏季开花。喜疏松且排水良好的土壤。养护管理简便，可用作林地边界、盆栽或切花栽培，是优良的玉簪品种之一。

玉簪‘安妮’

‘安妮’属于双色品种，株高35cm，直径80cm；叶片中部具宽浅黄色条纹，边缘绿色，夏季开花。耐光照，喜疏松且排水良好的土壤。养护管理简便，可用作林地边界、盆栽或切花栽培，是优良的玉簪品种之一。

短莛山麦冬 *Liriope muscari*

别名 阔叶麦冬、阔叶山麦冬等。

要点介绍 天门冬科山麦冬属，多年生草本。株高 30~50cm，根细长，根状茎木质；叶密集成丛生状，革质，基部渐窄，有明显的横脉；花莛长于叶，小花簇生成总状花序，花紫色，自然花期 7~8 月。叶丛茂密，是优秀的园林地被植物，常用于花坛、花境、林下地被等。

耐阴，对光照要求不严，喜温暖湿润的环境；忌水涝，喜深厚肥沃、排水良好的砂质土壤。栽培期间须注意加强对根结线虫病、叶斑病、蛴螬等病虫害的防治。

园区应用 本届花博会主要应用的品种有‘金边’阔叶山麦冬等。在崇明花博会园区内主要以花坛、花境、林下地被等形式应用。

芍药 *Paeonia lactiflora*

别名 将离、婪尾春、余容，被誉为“花仙”“花相”。

要点介绍

芍药科芍药属，多年生宿根草本。肉质根粗大，茎叶初生时为红褐色，叶片为二回三出羽状复叶；花 1~3 朵生于枝顶或枝上部腋生，花色丰富，有红色、粉色、黄色、白色、绿色或复色，花型多样，有单瓣类、千层类（荷花型、菊花型、蔷薇型）、楼子类（金蕊型、托桂型、金环型、皇冠型、绣球型）、台阁类等，是极为美丽的观赏花卉。

芍药需历经低温春化才能萌动生长，作为长日照植物，喜光照，耐寒，要求土壤肥沃且排水良好，以砂壤土为宜。花芽要在长日照下才能发育开花，光照时间不足会导致不开花或开花异常。栽培养护期，注意做好锈病、灰霉病、褐斑病、蚜虫等病虫害防治。

园区应用

本届花博会主要应用的品种有‘阿道夫’‘埃克哈特小姐’‘保罗维尔德’等。在崇明花博会园区内通过花期抑制调控，实现供花，在园区内以花坛、花境等形式应用。

细叶美女樱 *Glandularia tenera*

要点介绍

马鞭草科美女樱属，多年生草本。株高 20~30cm，茎细长，基部稍有木质化，节间生根，叶片三深裂，裂片再羽状裂成线形；穗状花序顶生，有紫色、白色、粉红色等，自然花期 4~10 月。花繁密，是良好的园林露地景观应用观花品种。

喜阳光充足、温暖环境，具有一定耐寒性，耐半阴。适应性较强，对土壤要求不严。高温高湿季节须注意加强白粉病、灰霉病等病害的防治工作。

园区应用

通过花期抑制调控，延长花期，在崇明花博会园区内主要以花境、花带等形式应用。

柳叶马鞭草 *Verbena bonariensis*

别名 铁马鞭、龙芽草、野荆草、燕尾草等。

要点介绍 马鞭草科马鞭草属，多年生宿根草本。株高 1.0~1.5m，花茎抽高后叶片狭长像马鞭，茎为正方形；聚伞状花序顶生或腋生，花紫红色或淡紫色，自然花期 5~9 月。花色艳丽，群体种植时效果壮观，是生长旺盛的优秀地被花卉，可作花海应用。

长日照花卉，喜阳光，喜温暖，耐旱；不耐寒。适应性强。栽培期间注意做好红蜘蛛、蓟马等病虫害的防治工作。

园区应用 在崇明花博会园区内以花坛、花境等形式应用。

细长马鞭草 *Verbena rigida*

要点介绍 马鞭草科马鞭草属，多年生草本。株高 30~60cm，直立生长，茎四棱，绿色；叶对生，披针形，叶缘有粗锯齿，先端尖，质地粗糙，叶片和茎上被粗毛；穗状花序圆柱形，花小，密集，花瓣 4~5，夏秋季节开花，花紫色，淡雅，可用于岩石园、花境、园路点缀等。

喜光照充足，耐炎热，耐干旱；不耐寒冷，不耐阴，不耐积水。喜湿润、排水良好土壤。栽培期间须注意加强对根腐病、白粉病等病害的防治。

园区应用 在崇明花博会园区内主要以花境、园路点缀等形式应用。

长星花 *Lithotoma axillaris*

别名 腋花同瓣草、许氏草、长冠花、麻醉草等。

要点介绍 桔梗科长星花属，多年生草本。株高 20~30cm，叶互生，花单生叶腋，以白色、淡紫色为主，全株具乳汁。花姿优雅，是很好的地被植物。

喜阳光，喜湿润，分枝性强，是适生性较好的多年生花卉。

园区应用 在崇明花博会园区内主要以花坛、花境等形式应用。

桔梗 *Platycodon grandiflorus*

别名 僧冠帽、铃铛花、包袱花等。

要点介绍

桔梗科桔梗属，多年生草本。株高 30~120cm，根粗壮，地上茎直立，不分枝，极少上部分枝，有乳汁；叶轮生、部分轮生或互生，无叶柄，叶片卵形、卵状椭圆形或披针形；花单朵顶生，或数朵聚成假总状花序，花冠钟形，花白色、蓝色、紫色、粉色等，花大，花期长，自然花期 7~9 月，是优秀的园林地被花卉，常用于花境、岩石园等。

喜阳光，喜凉爽气候，稍耐阴，耐寒。喜肥沃、排水良好的砂质土壤。生性强健，栽培简单，高温高湿季节须注意加强对根腐病、白粉病、炭疽病等病害的防治。

园区应用

在崇明花博会园区内主要以花境、花田等形式应用。

山桃草 *Oenothera lindheimeri*

别名 紫叶千鸟花、白桃花、白蝶花等。

要点介绍

柳叶菜科月见草属，多年生草本。株高 50~100cm，全株被短毛，茎直立，分枝多，入秋变为红色；叶互生，椭圆状披针形或倒披针形；花序长穗状，花形似桃花，花色多为白色、粉红色等，自然花期 5~10 月。花多繁茂，群植效果壮观，是优秀的园林地被花卉，常用于花坛、花境、草坪点缀等。

喜阳光充足、凉爽、半湿润的生长环境，耐干旱，耐寒。喜肥沃、疏松的砂质壤土，忌涝。雨季须注意加强排水。

园区应用

本届花博会主要应用的品种有‘络腮胡’‘小珍妮’等。通过花期促成调控，提前花期，在崇明花博会园区内主要以花境、花海等形式应用。

紫叶山桃草 *Oenothera lindheimeri* ‘Crimson Butterflies’

要点介绍 柳叶菜科月见草属，多年生草本，山桃草的栽培品种。株高80~130cm，全株被粗毛，茎直立，分枝多；叶片紫红色，披针形，叶片先端尖，叶缘具波状齿，穗状花序顶生，花序细长松散，花小而多，花粉红色，全株紫红色，自然花期5~10月，是优秀的园林观花、观叶植物，常用于花坛、花境、花甸等。

喜光照，喜凉爽、半湿润环境，较耐寒。喜疏松肥沃、排水良好的砂质土壤，忌水涝。栽培期间须注意加强排水。

园区应用 在崇明花博会园区内主要以花境、花甸、林缘点缀等形式应用。

美丽月见草 *Oenothera speciosa*

别名 夜来香、粉晚樱草、粉花月见草等。

要点介绍 柳叶菜科月见草属，多年生草本。株高 30~50cm，茎直立，分枝多；叶披针形，单叶互生；花具暗色羽状脉，花瓣粉红色，雄蕊黄色，花瓣 4，花大，分枝多，自然花期 4~11 月，是非常优秀的园林地被花卉。

喜阳光充足、温暖的环境，稍耐阴，较耐旱；不耐寒。喜疏松肥沃、排水良好的土壤，忌水湿。栽植过密时易感染茎腐病，须注意栽植密度，加强通风透光。

园区应用 在崇明花博会园区内主要以花境、地被等形式应用。

钓钟柳 *Penstemon campanulatus*

别名 吊钟柳、钟花钓钟柳等。

要点介绍 车前科钓钟柳属，多年生草本。株高 40~80cm，全株被茸毛，丛生性强，基部常木质化；叶对生，基生叶卵形，茎生叶披针形，叶缘有锯齿；花生于叶腋或总梗上，圆锥形总状花序，花冠钟状唇形，上唇 2 裂，下唇 3 裂，花紫色、粉色、白色、红色等，自然花期 6~9 月，是优良的园林景观应用花卉，常用于花坛、花境等，也可作盆栽。

喜光照充足、湿润、通风良好的环境；忌夏季高温、干旱，不耐寒。喜肥沃、排水良好、富含石灰质的砂质土壤。栽培期间常见猝倒病，须注意加强相应防治措施。

园区应用 本届花博会主要应用的品种有‘紫叶钓钟柳’等。通过花期抑制调控，延长花期，在崇明花博会园区内主要以花坛、花境、园路点缀等形式应用。

毛地黄钓钟柳 *Penstemon digitalis*

要点介绍

车前科钓钟柳属，多年生草本。株高 60~100cm，全株被毛，茎直立丛生；叶对生，无叶柄，全缘，基生叶卵圆形，茎生叶卵形至披针形；总状花序，花色多为白色、粉色等，自然花期 4~5 月。株型紧凑，是良好的园林地被花卉，可作花境、花坛应用。

喜阳光充足、通风、排水良好的环境，耐高温，耐寒。对土壤要求不严，忌干旱。雨季须注意加强栽培环境通风及排水。

园区应用

通过花期抑制调控，延长花期，在崇明花博会园区内主要以花境、林下地被等形式应用。

兔儿尾苗 *Pseudolysimachion longifolium*

别名 长尾婆婆纳、长叶婆婆纳等。

要点介绍

车前科兔尾苗属，多年生草本。株高 40~100cm，近直立，无毛或上部被白色柔毛；单叶对生，披针形，叶缘有尖锯齿；总状花序单生，被白色短曲毛，呈长穗状，雄蕊伸出，花蓝色或紫色，自然花期 6~8 月。株型紧凑，花枝优美，是优良的园林景观应用植物，可用于花境、花甸、林缘点缀等。

喜光照，喜湿润，稍耐阴，稍耐寒，耐干旱。适应性强，对土壤要求不严。

园区应用

在崇明花博会园区内主要以花境、林缘点缀等形式应用。

穗花 *Pseudolysimachion spicatum*

别名 穗花婆婆纳、草原婆婆纳等。

要点介绍 车前科兔尾苗属，多年生草本。株高 15~50cm，茎单生或丛生，不分枝；单叶对生，叶披针形至卵圆形，叶缘有锯齿；总状花序顶生，着花密，尖部略弯，花色有蓝色、粉红色等，自然花期 6~8 月，常用于花境、岩石园等。

喜阳光充足，喜温暖，耐寒，稍耐阴；忌冬季湿涝。对土壤要求不严，但喜肥沃深厚、排水良好的土壤。生性强健，病虫害较少，栽培中须注意加强对白粉病的防治。

园区应用 在崇明花博会园区内主要以花境等形式应用。

蕨叶薰衣草 *Lavandula multifida*

别名 多裂薰衣草等。

要点介绍 唇形科薰衣草属，多年生草本。株高 30~60cm，茎直立，被灰色柔毛；叶灰绿色，被柔毛，叶片深裂，形似蕨类；花梗长，小花密集排列成穗状花序，花紫色，自然花期 6~9 月，是优秀的园林露地景观应用花卉，可作花境、花带和专类园等。

喜阳光充足，耐热、耐旱；不耐阴，不耐低温，不耐积水。喜疏松肥沃、排水良好的土壤。栽培中须注意加强对根腐病、叶斑病、红蜘蛛等病虫害的防治。

园区应用 在崇明花博会园区内以花境、花甸等形式应用。

樱桃鼠尾草 *Salvia greggii*

要点介绍

唇形科鼠尾草属，多年生草本。株高 50~100cm，茎直立丛生；单叶对生，叶披针形、椭圆形或卵形，叶缘有锯齿；总状花序，花萼合生，钟状，二唇形，宿存，花冠唇形，花量大，有深红色、桃红色、粉红色、黄色、白色等，自然花期 5~11 月，可用于花境、庭院绿化等。

喜阳光充足、通风良好的环境，喜温暖，耐热，耐干旱；不耐寒，冬季注意保温，不耐水湿。病虫害较少，栽培期间须注意加强对蜗牛等的防治。

园区应用

在崇明花博会园区内主要以花坛、花境等形式应用。

林荫鼠尾草 *Salvia nemorosa*

别名 森林鼠尾草、林地鼠尾草等。

要点介绍

唇形科鼠尾草属，多年生草本。株高 50~90cm，株型紧凑，茎四棱形；叶对生，长椭圆形或近披针形，叶面皱；轮伞花序再组成穗状花序，长 30~50cm，花冠二唇形，花蓝紫色、粉红色等，花期 5~9 月，是优秀的园林露地景观应用花卉。

喜阳光充足、冷凉的环境，也耐半阴。喜肥沃、排水良好的土壤。栽培中须注意加强对白粉病、茎腐病、锈病等病害的防治工作。

园区应用

本届花博会主要应用的品种有‘冰蓝’‘冰雪公主’‘春之骄子’等。在崇明花博会园区内主要以花境、草坪点缀等形式应用。

天蓝鼠尾草 *Salvia uliginosa*

别名 沼生鼠尾草等。

要点介绍 唇形科鼠尾草属，多年生草本。株高 30~90cm，茎直立四棱形，基部稍木质化，分枝较多，有毛；叶对生，银灰色，长椭圆形，全缘或具钝锯齿，上面密布白色茸毛；轮伞花序生于茎顶或叶腋，花果期 6~10 月，是优秀的园林景观应用花卉，常用于花境、草坪点缀、庭院美化等。

喜阳光充足、温暖的环境，光照不足时生长不良，耐干旱；不耐水涝，不耐寒。喜疏松、排水良好的砂质土壤。对褐斑病、灰霉病、蛞蝓等病虫害的防治以预防为主。

园区应用 在崇明花博会园区内主要以花境、草坪点缀等形式应用。

绵毛水苏 *Stachys byzantina*

别名 羊耳朵。

要点介绍 唇形科水苏属，多年生草本。株高约 60cm，茎四棱形，直立，被灰白色丝状绵毛；叶片基部半抱茎，质厚，长圆状椭圆形，两面均被灰白色丝状绵毛；轮伞花序，花多，向上密集组成穗状花序，花淡紫或深粉色，自然花期 5~7 月，是良好的园林地被花卉，可作花坛、花境点缀等应用。

喜阳光充足，耐热、耐寒，最低可耐 -20℃低温，耐旱；忌水涝。喜排水良好、肥沃疏松的土壤。雨季须注意加强排水。

园区应用 在崇明花博会园区内主要以花坛、花境镶边等形式应用。

蓝花草 *Ruellia simplex*

别名 翠芦莉、狭叶芦莉草等。

要点介绍 爵床科芦莉草属，多年生草本。株高 60~80cm，单叶对生，线状披针形，叶色暗绿，新叶紫红色；花腋生，直径 3~5cm，花冠具放射形条纹，漏斗状，单朵花清晨开放，黄昏凋谢，花色有蓝紫色、红色、粉红色、白色等，自然花期 3~10 月，花期长，常用于花境、庭院景观等。

适应性强，耐高温，耐旱，全日照和半日照环境中均能正常生长。对土壤要求不严，耐贫瘠，但在疏松肥沃、排水和透气良好的土壤中生长更好。高温高湿季节须注意加强排水和通风透光，防止根腐病的发生。

园区应用 在崇明花博会园区内主要以花境、地被等形式应用。

落新妇 *Astilbe chinensis*

别名 红升麻、小升麻等。

要点介绍

虎耳草科落新妇属，多年生草本。株高 50~100cm，根状茎粗壮，须根多，茎基部被毛；基生二至三回羽状复叶，侧生小叶卵形至椭圆形，叶缘有重锯齿；圆锥花序顶生，花密，有紫色、白色、粉红色、红色等花色，自然花期 6~9 月，是优秀的园林景观花卉，常用于花坛、花境、岩石园等，也可作切花或盆栽。

喜半阴、温暖湿润的环境，较耐寒，耐热；不耐积水。喜排水良好的土壤，稍耐盐碱。幼苗期和梅雨季节易发生立枯病，须做好相应防治措施。

园区应用

本届花博会主要应用的品种有‘宝石红’‘波恩’‘金星’等。在崇明花博会园区内主要以花境、路缘点缀等形式应用。

肾形草 *Heuchera micrantha*

别名 矾根。

要点介绍 虎耳草科矾根属，多年生草本。株高 20~50cm，叶基生，阔心形，长 20~25cm，叶色丰富，有紫、红、黄、绿等各种颜色；花小，钟形，两侧对称，花白色或粉色，自然花期 4~10 月。品种繁多，是优秀的园林地被花卉，可用作花坛、花境、家庭园艺等。

喜阳光，喜冷凉，耐半阴，耐寒、耐旱。不耐盐碱，在肥沃深厚、排水良好的土壤上生长良好。栽培中须注意加强对根腐病、茎腐病、蜗牛等病虫害的防治。

园区应用 在崇明花博会园区内主要以花坛、花境等形式应用。

羽绒狼尾草 *Cenchrus setaceus*

别名 金红羽狼尾草等。

要点介绍 禾本科蒺藜草属，多年生暖季型草本。株高 120~170cm，茎直立，丛生状，株型紧凑，整齐；叶片狭长，深绿色，向四周自然下垂成弧形；圆锥花序穗状，花形似狼尾，长 25~40cm，花序初开浅紫色，后渐变为粉色，冬季为米黄色，观赏期 5~9 月，是优秀的园林观赏草，常用于花境、花坛等，也可作盆栽或切花材料。

喜阳光充足，耐半阴，耐高温；不耐寒。不择土壤，耐干旱贫瘠，肥水较大时容易倒伏。生性强健，适应性强，病虫害较少。

园区应用 在崇明花博会园区内主要以花境、路缘点缀等形式应用。

小盼草 *Chasmanthium latifolium*

别名 宽叶林燕麦、小判草等。

要点介绍

禾本科小盼草属，多年生暖季型草本。株高 50~100cm，茎秆直立，丛生；叶条形，扁平，形似竹叶，叶鞘光滑；穗状花序，风铃状，成串悬挂在茎秆上，夏季初开为淡绿色，秋季转为棕红色，冬季变为浅褐色，花果期 5~9 月。株型紧凑，花型奇特，是优秀的园林景观植物，常用于花境、庭院、公园等。

喜光照，耐半阴，耐干旱贫瘠，较耐水湿，耐寒性强；不耐酷热。喜湿润肥沃、排水良好的土壤。少见病虫害，偶有根腐病发生，须做好相应防治措施。

园区应用

在崇明花博会园区内主要以花境、水边片植等形式应用。

花叶蒲苇 *Cortaderia selloana* ‘Silver Comet’

要点介绍

禾本科蒲苇属，多年生暖季型草本，蒲苇的栽培品种。株高50~120cm，叶片聚生在基部，叶缘绿色，边缘有细齿，中间有白色或黄色条纹，质地较硬，拱形；圆锥花序顶生，羽毛状，花银白色，自然花期8~10月，花谢后仍有观赏价值，是优秀的园林观赏草，常用于花境、草坪点缀等，也可丛植在水边。

喜光照，耐半阴，耐热，较耐寒，耐水湿。对土壤要求不严，耐干旱盐碱。适应性强，管理粗放。

园区应用

本届花博会主要应用矮生花叶蒲苇等品种。在崇明花博会园区内主要以花境、池边点缀、水景园等形式应用。

蓝羊茅 *Festuca glauca*

别名 滇羊茅。

要点介绍 禾本科羊茅属，多年生冷季型草本。株高 20~30cm，蓬径约为株高的 2 倍；叶基生，纤细柔软，直立光滑，呈细针状，蓝灰色，被银白霜；圆锥花序，小花淡绿色，花期 5 月。叶色独特，是优秀的园林观赏草，常用于花坛、花境镶边，也可用于园路点缀等。

喜光照充足、湿润的环境，较耐阴，耐寒冷，耐干旱瘠薄；忌积水。喜疏松、排水良好的土壤。适应性强，少见病虫害。

园区应用 在崇明花博会园区内主要以花境、路缘点缀等形式应用。

沙生赖草 *Leymus arenarius*

别名 蓝冰麦、沙滨草等。

要点介绍 禾本科赖草属，多年生草本。株高 90~150cm，丛生状；叶片自基部着生，叶片细长，先端尖，稍向下垂，叶片光滑无毛，蓝绿色；穗状花序，高于叶片，花棕色，花期 8 月至翌年 2 月。秋季叶片观赏性最好，是优秀的园林观赏草，常用于花境等，也可丛植或片植造景。

喜光照充足，喜凉爽，稍耐阴，较耐高温，耐干旱贫瘠；不耐积水。适应性强，管理简单，不择土壤。少见病虫害。

园区应用 在崇明花博会园区内主要以花境、丛植等形式应用。

斑叶芒 *Miscanthus sinensis* ‘Zebrinus’

别名 劲芒等。

要点介绍 禾本科芒属，多年生暖季型草本，芒的栽培品种。株高80~100cm，丛生状；叶鞘生于节间，鞘口有长柔毛，叶片有黄色不规则斑纹，叶背疏生柔毛；圆锥花序扇形，小穗成对着生，两性花，秋季形成白色大花序，观赏期5~11月。花序由白绿色渐变为银白色，叶形态奇特，是优秀的园林绿化材料，可用作驳岸、花境、水景园等。

喜光照充足、温暖湿润的环境，耐半阴，耐干旱瘠薄。适应性强，不择土壤，耐水涝。抗性强，病虫害较少。

园区应用 在崇明花博会园区内主要以花境、园路点缀等形式应用。

细茎针茅 *Nassella tenuissima*

别名 墨西哥羽毛草、细茎针芒、利坚草等。

要点介绍 禾本科侧针茅属，多年生冷季型草本。株高 30~50cm，植株密集丛生，茎秆细弱柔软；叶片基部丛生，细长成丝状，绿色；花序银白色，柔软下垂，自然花期 6~9 月，是优秀的观花、观叶植物，常用于岩石园、花境镶边、林缘点缀等。

喜光照，喜温润冷凉气候，夏季高温时休眠，耐半阴，耐干旱；不耐水涝。喜排水良好的土壤。夏季须注意加强栽培环境通风。

园区应用 在崇明花博会园区内主要以花境、草坪等形式应用。

花烛 *Anthurium andraeanum*

别名 红掌、红鹅掌、火鹤花等。

要点介绍 天南星科花烛属，多年生草本。株高40~50cm，茎节短；叶互生，自基部生出，叶柄细长，叶片革质，有光泽，全缘，阔心形或圆心形，先端钝或渐尖，基部深心形；肉穗花序黄色，花序梗细长，佛焰苞心形，先端有长尖尾，基部心形，可常年开花，主要观赏部位为佛焰苞，有深红色、橘红色、复色等品种，是应用非常广泛的园林草本花卉，常用于切花、盆栽、园路边缘种植等。

喜半阴，喜温暖湿润、排水良好的环境；不耐强光直射，不耐干燥，要求60%~80%的空气相对湿度，不耐寒，不耐高温。栽培期间须注意加强对细菌性枯萎病、根腐病、叶斑病等病害的防治。

园区应用 本届花博会主要应用的品种有‘阿拉巴马’‘白骄阳’‘粉冠军’等。在崇明花博会园区内主要以盆栽等形式应用。

五彩芋 *Caladium bicolor*

别名 彩叶芋、花叶芋等。

要点介绍

天南星科五彩芋属，多年生常绿草本。株高 30~75cm，变种极多；基生叶盾状箭形或心形，叶柄长，为叶长的 3~7 倍，纤细光滑，上面被白粉，叶片圆心形或披针形，叶表有各色透明或不透明斑点；花序柄短于叶柄，佛焰苞管部卵圆形，有绿脉、白脉、红脉等，主要观赏期为 5~9 月。色泽艳丽，是优秀的园林地被植物，常用于家庭园艺、草坪点缀等。

喜光照充足、高温高湿环境，忌强光直射，阳光直射时嫩叶易灼伤，不耐寒。喜疏松肥沃、排水良好的土壤。栽培期间须注意加强对茎腐病、叶斑病、蓟马等病虫害的防治。

园区应用

本届花博会主要应用的品种有‘白色女王’‘粉云’‘庆祝’等。在崇明花博会园区内主要以草坪点缀、地被等形式应用。

花叶艳山姜 *Alpinia zerumbet* 'Variegata'

别名 花叶姜等。

要点介绍 姜科山姜属，多年生草本，艳山姜的园艺栽培种。株高可达3m，根茎肉质，扁平；叶披针形，有抱茎的叶鞘，有金黄色纵斑纹；总状花序下垂，花白色，边缘黄色，自然花期4~6月。叶色艳丽，是优秀的观花、观叶植物，常用于点缀山石、绿地等，也可用于花坛、花境、林下地被。

喜光照充足、温暖湿润环境，较耐阴，耐水湿；不耐寒，忌霜冻，不耐干旱。栽培管理比较粗放，栽培期间常见叶枯病、褐斑病、蜗牛等病虫害，须做好相应防治措施。

园区应用 在崇明花博会园区内主要以花境、林下地被等形式应用。

肾蕨 *Nephrolepis cordifolia*

别名 石黄皮、圆羊齿等。

要点介绍 肾蕨科肾蕨属，多年生草本。根状茎直立，被鳞片，下部有伸展的匍匐茎，棕褐色，疏被鳞片；叶直立簇生，暗褐色，一回羽状，叶片披针形，小叶互生，覆瓦状排列，叶缘有钝锯齿；孢子囊肾形，位于主脉两侧，是普遍栽培的观赏蕨类植物，常用于室内装饰、墙角、假山和水池边点缀等，也可作切花。

喜半阴，喜温暖潮湿的环境，较耐干旱，耐瘠薄；不耐寒，不喜强光直射，忌酷热。喜疏松肥沃、排水良好、透气性好的土壤。栽培期间需注意加强对蛞蝓、介壳虫等虫害的防治，加强栽培环境排水和通风。

园区应用 在崇明花博会园区内主要以岩石园、水池边点缀、地被等形式应用。

铁线莲　*Clematis florida*

别名　东北铁线莲、架子菜等。

要点介绍　毛茛科铁线莲属，多年生藤本。长 1~2m，攀缘，少数直立或灌木状，茎具纵沟，被短柔毛；叶对生，一回至二回三出复叶，小叶卵形至披针形；花生于叶腋，或排列成圆锥花序，无花瓣，萼片 6 枚，花瓣状，花色有紫色、白色、粉色、黄色等，自然花期 4~6 月。花大色艳，是优秀的园林垂直绿化藤本植物，常用于廊架、墙面、庭院等。

喜基部半阴、上部多光照的环境，喜凉爽，耐寒能力强；不耐积水，不耐夏季干旱。喜疏松肥沃、排水良好的土壤。抗病虫能力强，偶有枯萎病、病毒病、红蜘蛛等病害发生，须做好相应防治措施。

园区应用　本届花博会主要应用的品种有‘哥白尼’‘戴安娜公主’‘爱莎’等。通过花期调控，在崇明花博会园区内主要以铁线莲专类园、花境等形式应用。

铁筷子 *Helleborus thibetanus*

别名 九龙丹、见春花、黑毛七等。

要点介绍

毛茛科铁筷子属，多年生草本。株高 30~50cm，须根肉质，茎无毛，上部有分枝，基部有 2~3 枚鞘状叶；基生叶具长柄，茎生叶近无柄；花生于茎或枝端，苞片花瓣状，真正的花瓣隐在花蕊边，有单瓣、重瓣、莲座等花型，花色有绿色、粉色、深紫色、白色等，花期 12 月至翌年 4 月。花叶奇特，是优秀的园林景观植物，常用于花境、地被、草坪点缀等，也可作盆栽。

喜半阴、温暖湿润的环境，较耐寒；忌夏季炎热，春秋生长季节和花期须多浇水，但忌积水。喜深厚肥沃、排水良好的弱碱性土壤。高温高湿季节须注意加强对根腐病、软腐病、蚜虫等病虫害的防治，雨季注意排水控湿。

园区应用

在崇明花博会园区内以花境、草坪、林缘点缀等形式应用。

西伯利亚鸢尾 *Iris sibirica*

要点介绍　鸢尾科鸢尾属，多年生草本。株高 10~100cm，根茎短，须根有皱缩的横纹；植株基部有鞘状叶，叶剑形，灰绿色，长 30~60cm，顶端渐尖；花茎高于叶片，苞片 3 枚，膜质，垂瓣圆形，旗瓣直立，花期 4~5 月，花色丰富，有白色、蓝紫色、黄色、粉红色等，是优秀的园林景观植物，常用于水池、湿地、林下等，也可作盆栽。

喜光照充足、凉爽湿润环境，较耐寒，耐热，耐湿润，可生长在水中。不择土壤，但在肥沃的壤土中生长更好。抗病性强，少见病虫害。

园区应用　在崇明花博会园区内主要以花境、林缘点缀等形式应用。

鸢尾 *Iris tectorum*

别名 扁竹花、蛤蟆七、紫蝴蝶等。

要点介绍

鸢尾科鸢尾属，多年生草本。株高 30~40cm，根茎粗壮；叶基生，宽剑形，扇形排列，无明显中脉；花莛稍高于叶丛，总状花序，花单生或对生于苞片腋内，垂瓣具蓝紫色条纹，基部具褐色纹，旗瓣直立，较小，花蓝紫色、白色、黄色等，自然花期 5~8 月。花型奇特，是优秀的园林景观花卉，常用于花坛、花境、地被等，也可作切花。

性强健，喜光照充足，稍耐阴，较耐寒，耐干旱，耐湿润。喜湿润肥沃、富含腐殖质、排水良好的微碱性石灰质土壤。栽培期间易发生灰霉病、根腐病、铁锈病等病害，须注意做好相应防治措施。

园区应用

本届花博会主要应用的品种有‘北欧’‘光环’‘闪亮粉’等。在崇明花博会园区内主要以花境、园路点缀、地被等形式应用。

禾叶大戟 *Euphorbia graminea*

要点介绍

大戟科大戟属，一年生或多年生草本。株高 40~80cm，具白色乳汁，茎直立，有棱，成年枝条被白色毛；叶对生或互生，叶柄被毛，下部叶片宽卵形，先端急尖，上部叶片长椭圆形、披针形至线形，向上逐渐变小；伞房状花序，小花 2~3 朵，花白色，花果期全年，是优秀的园林景观植物，常用于花境、岩石园等，也可作盆栽。

喜光照，较耐寒，耐干旱瘠薄；不耐阴，不耐热。喜疏松肥沃、排水良好的砂质土壤，生性强健，管理粗放。少见病虫害，夏季偶有蚜虫发生，须做好相应防治措施。

园区应用

本届花博会主要应用的品种有‘浪漫’‘魅力’等。通过花期促成调控，在崇明花博会园区内主要以花坛、花境、园路点缀等形式应用。

星花凤梨 *Guzmania lingulata*

别名 果子蔓、红杯凤梨、姑氏凤梨等。

要点介绍

凤梨科星花凤梨属，多年生草本。株高可达 70cm，茎短，叶片舌状，基生，呈莲座状排列，叶全缘，革质，有光泽，先端弯垂；穗状花序，苞片鲜红色，总苞片呈星状，花期 5~11 月。栽培品种丰富，花色鲜艳，是优秀的室内观赏植物，常用于室内装饰。

喜半阴，喜温暖湿润，耐水湿；不耐寒，不耐强光，不耐干旱。喜富含腐殖质、排水良好的土壤。栽培期间须注意加强对心腐病、根腐病、介壳虫等病虫害的防治。

园区应用

本届花博会主要应用的品种有‘塔拉’‘新白雪’‘新红星’等。在崇明花博会园区内主要以花境、林缘点缀等形式应用。

马利筋 *Asclepias curassavica*

别名 水羊角、莲生桂子等。

要点介绍 夹竹桃科马利筋属，多年生草本。株高可达 1m，茎淡灰色，全株有乳汁；叶对生，椭圆状披针形，先端渐尖，叶背脉被微毛；聚伞花序，小花 10~20 朵，花冠紫色或红色，副花冠黄色或橙色，花期近全年。花形奇特，是优秀的观花植物，常用于公园、庭院、花境等。

喜光照，喜温暖湿润气候，抗旱性强；不耐寒，不耐阴，不耐积水。对土壤要求不严。抗病虫害能力强，少见病虫害，偶有根腐病、蚜虫危害，须注意加强防治措施。

园区应用 在崇明花博会园区内主要以花境、草坪点缀等形式应用。

金叶过路黄 *Lysimachia nummularia* 'Aurea'

要点介绍 报春花科珍珠菜属，多年生蔓性草本。过路黄的栽培品种，株高 5~10cm，茎匍匐状，圆柱形，节间可以萌发地生根，先端伸长成鞭状；单叶对生，叶卵形或阔卵形，春季至秋季叶片金黄色，11 月底叶色转为淡黄色，直至绿色，低温时叶片转为暗红色；花着生于叶腋，杯状，花黄色，与叶片颜色接近，花期 5~7 月。叶色光亮，是优秀的园林地被植物，常用作地被、园林色块等。

喜光照，耐半阴，耐寒性强，较耐干旱；不耐热，忌水涝。喜湿润肥沃、排水良好的微酸性土壤。高温高湿季节易染疫病，须加强相应防治措施。

园区应用 在崇明花博会园区内主要以花境、地被等形式应用。

香石竹 *Dianthus caryophyllus*

别名 大花石竹、狮头石竹等。

要点介绍 石竹科石竹属，多年生草本。株高 30~100cm，茎直立，丛生状，全株灰绿色，上部稀疏分枝；叶线状披针形，基部抱茎；花单生枝顶，或数朵簇生成聚伞花序，品种丰富，花色有白色、红色、紫色、黄色等，花期 5~8 月。有切花品种和花坛品种，是优秀的鲜切花，花坛品种常用作花坛、地被、盆栽观赏等。

喜光照，喜冷凉、通风良好的环境；耐寒性不强，不耐炎热。喜干燥、肥沃、排水良好的土壤。栽培期间须注意加强对病毒病、叶斑病、蝼蛄等病虫害的防治。

园区应用 本届花博会主要应用的品种有‘如意’‘红色诱惑’等。在崇明花博会园区内主要以花境、地被等形式应用。

后花博时期 - 香石竹温室生产

木贼 *Equisetum hyemale*

别名 笔筒草、接骨草等。

要点介绍 木贼科木贼属，多年生草本。株高 30~100cm，根状茎短粗，黑棕色，地上茎直立，中空，不分枝或基部少量分枝，有节，绿色；叶退化，呈片状，绿色，茎顶端淡棕色，姿态独特，是优良的园林景观植物，常用于湿地、园路两侧等，也可盆栽观赏。

喜光照，喜凉爽、潮湿的环境，较耐阴；不耐寒，不耐干旱。可以在湿地、溪边生长，喜肥沃、排水良好的土壤。栽培期间须注意加强对蚜虫、红蜘蛛等虫害的防治。

园区应用 在崇明花博会园区内主要以花境、湿地种植等形式应用。

第三章

球根花卉

百合 *Lilium brownii var. viridulum*

别名 百合蒜、蒜脑薯、强瞿、番韭、山丹、倒仙等。

要点介绍 百合科百合属，多年生球根花卉，也作一二年生栽培。盆栽百合株高 20~40cm，切花百合株高 1~1.7m；地下鳞茎由多数肥厚的肉质鳞片抱合而成，呈球形或扁球形；花大，有喇叭形、漏斗形、球形、杯形等，花色丰富，多有芳香，自然花期 4~9 月，具有较高的观赏价值。

喜凉爽，喜湿润，耐半阴，耐严寒，适生性强。常见病虫害有叶斑病、灰霉病、根腐病、蚜虫、蓟马等，以预防为主，防治结合。

园区应用 本届花博会主要应用的品种有'迷你钻石''迷你天际线''迷你火箭''迷你图标''迷你阴影''迷你游侠''阿诺斯加''安吉拉''萨曼莎''伊莲娜'等。通过光照、温度等花期调控技术实现精准花期调控，在崇明花博会园区内主要以百合专类园、花坛、花境等形式应用。

品种

百合‘迷你钻石’

‘迷你钻石’属于亚洲系盆栽百合，高度 40~45cm；花色鲜艳，外缘为深粉色，向内渐变至白色；6~8 月开花；种球冷藏天数短，50~60 天即可种植；早秋至翌年早春季节均可种植，适宜全光照或半遮阴条件种植；单球出芽数与种球大小有关，最高可达 7 枚。

百合‘迷你天际线’

‘迷你天际线’属于亚洲系盆栽百合，高度约 40cm；花大，花色鲜艳，花瓣橙色；6~8 月开花；种球冷藏天数短，约 65 天即可种植；早秋至翌年早春季节均可种植，适宜全光照或半遮阴条件种植；单球出芽数与种球大小有关，最高可达 8 枚。

百合‘迷你火箭’

‘迷你火箭’属于亚洲系盆栽百合，高度约45cm；花大，花色鲜艳，花瓣红色；6~8月开花；种球冷藏天数短，约65天即可种植；早秋至翌年早春季节均可种植，适宜全光照或半遮阴条件种植；单球出芽数与种球大小有关，最高可达7枚。

百合‘迷你图标’

‘迷你图标’属于亚洲系盆栽百合，高度约50cm；花大，花色鲜艳，花瓣粉色；6~8月开花；种球冷藏天数短，约60天即可种植；早秋至翌年早春季节均可种植，适宜全光照或半遮阴条件种植；单球出芽数与种球大小有关，最高可达8枚。

百合‘迷你阴影’

‘迷你阴影’属于亚洲系盆栽百合，高度约 35cm；花大，花色鲜艳，双色，花瓣红色，花心深红色；6~8 月开花；早秋至翌年早春季节均可种植，适宜全光照或半遮阴条件种植；单球出芽数与种球大小有关，最高可达 8 枚。

百合‘迷你游侠’

‘迷你游侠’属于亚洲系盆栽百合，高度约 40cm；花大，花色鲜艳，花瓣亮黄色；6~8 月开花；种球冷藏天数约为 80 天；早秋至翌年早春季节均可种植，适宜全光照或半遮阴条件种植；单球出芽数与种球大小有关，最高可达 6 枚。

百合‘阿诺斯加’

‘阿诺斯加’属于东方系切花百合，高 130~140cm；重瓣，花色素净淡雅，花瓣白色，具有粉色镶边；盛夏开花；种球冷藏天数约为 125 天，适宜全光照或半遮阴条件种植；单球出芽数与种球大小有关，最高可达 5 枚。

百合‘安吉拉’

‘安吉拉’属于东方系切花百合，高 100~110cm；重瓣，花色为纯白色，花瓣边缘为波浪状；种球冷藏天数约为 100 天，7 月下旬至 8 月初开花；无花粉，观赏期长，具有很高的观赏价值，常用作切花。

百合‘萨曼莎’

‘萨曼莎’属于东方系切花百合，高 100~110cm；重瓣，花色鲜艳，花瓣深粉色，具有白色镶边；盛夏开花；种球冷藏天数约为 125 天，单球出芽数与种球大小有关，最高可达 5 枚，适宜全光照或半遮阴条件种植。

百合‘伊莲娜’

‘伊莲娜’属于东方系切花百合，高 130~140cm；重瓣，花色为深粉色，花朵中心呈白色，基部有深色斑点；盛夏开花；种球冷藏天数约为 125 天，单球出芽数与种球大小有关，最高可达 5 枚。

大花葱 *Allium giganteum*

别名 高葱、砚葱、巨韭等。

要点介绍

石蒜科葱属，多年生球根花卉。株高 30~60cm，地下具鳞茎，球形，直径 7~10cm；叶宽线形至披针形，花莛高，可达 1m 左右，伞形花序球状；花红色或紫红色，自然花期 5~7 月，是常见的园林景观应用花卉，可用作花境、岩石园等。

喜凉爽、阳光充足环境，耐寒，耐干旱瘠薄；忌积水，忌湿热多雨。喜疏松肥沃、排水良好的砂质土壤。栽培中须注意加强栽培环境排水和通风透光，加强对腐烂病、葱蓟马等病虫害的防治。

园区应用

本届花博会主要应用的品种有‘波斯之星’‘勃朗峰’‘大使’等。在崇明花博会园区内主要以花境、花甸等形式应用。

朱顶红 *Hippeastrum rutilum*

别名 对红、红花莲、百枝莲等。

要点介绍 石蒜科朱顶红属，多年生球根花卉。鳞茎近球形，肥大；叶片在花后抽出，6~8 枚呈 2 列对生，鲜绿色，宽带状，质地较厚；花茎从鳞茎中央抽出，粗壮中空，被白粉，高于叶片，花 2~4 朵顶生于花茎，花大且艳丽，漏斗形，有单瓣和重瓣品种，花色艳丽丰富，有红色、粉色、白色、复色等，自然花期夏季。栽培品种已达 1000 多个，是优秀的观花植物，常用于盆栽装扮庭院、居室等，也可用于园林造景。

喜光照充足、温暖湿润的环境，生长适宜的温度是 18~25℃；不耐寒，不耐酷热，忌水涝。喜疏松肥沃、富含腐殖质的砂质土壤。常见病害有斑点病、病毒病、线虫病等，栽培期间须做好相应防治措施。

园区应用 本届花博会主要应用的品种有‘赛利卡’‘美丽仙女’‘仙女’‘首映式’‘格瓦斯’‘双皇’‘托斯卡’‘粉色惊喜’等。通过调整种植时期，结合光照、温度等花期调控技术实现精准花期调控，在崇明花博会园区内以朱顶红专类园、花境、花坛等形式应用。

品种

朱顶红‘赛利卡’

‘赛利卡’是中花型重瓣朱顶红品种，株高约35cm；花大，直径12~16cm，花色鲜艳，有红色或橙红色，花瓣上有深红色条纹，边缘有锯齿；花朵紧凑，一剑4~5朵花。忌水涝，养护管理简单，可用于庭院、室内绿化、花坛、花境等，是优良的朱顶红品种之一。

朱顶红‘美丽仙女’

‘美丽仙女’是大花型重瓣朱顶红品种，株高约40cm；花朵直径18~20cm，花桃粉色，有不规则的白色条纹，瓣化强，花瓣边缘卷曲，花量大，一剑4~6朵。忌积水，养护管理简单，可用于庭院、室内绿化、花坛、花境等，是优良的朱顶红品种之一。

朱顶红‘仙女’

‘仙女’是大花型重瓣朱顶红品种，株高约 30cm；花朵直径 18~20cm，花初开黄绿色，盛开后变白，有橙红色斑点，瓣化强。忌积水，养护管理简单，可用于庭院、室内绿化、花坛、花境等，是优良的朱顶红品种之一。

紫娇花 *Tulbaghia violacea*

别名 野蒜、非洲小百合等。

要点介绍 石蒜科紫娇花属，多年生球根花卉。株高 30~50cm，丛生，根茎粗壮，全株都含韭菜味，叶狭长线形，花茎细长直立，聚伞花序顶生，花粉紫或粉红色，自然花期 5~7 月，可用于花境、草坪及林缘点缀等。

喜温暖、光照充足环境，耐寒、耐热；忌湿热。对土壤要求不严，但以疏松肥沃、排水良好的砂质壤土为宜。对叶斑病、鳞茎腐烂病、蚜虫等病虫害的防治以预防为主。

园区应用 在崇明花博会园区内主要以花境、花甸等形式应用。

蛇鞭菊 *Liatris spicata*

别名 舌根菊、马尾花、麒麟菊等。

要点介绍

菊科蛇鞭菊属，多年生球根花卉。株高 60~90cm，地下具块根，茎直立，不分枝，无毛；叶互生，线形无柄；头状花序排成密穗状，长 45~70cm；花色有紫红、淡红、白色等，自然花期 7~8 月，是良好的园林景观应用花卉。

喜温暖、阳光充足的环境，较耐热、耐寒；不耐阴。喜疏松肥沃、排水良好的土壤。栽培中会发生锈病、叶斑病、根结线虫等病虫害，须注意做好防治工作。

园区应用

在崇明花博会园区内主要以花境、草坪点缀等形式应用。

三角紫叶酢浆草 *Oxalis triangularis*

别名 三角叶酢浆草、紫叶酢浆草、浅紫花酢浆草等。

要点介绍 酢浆草科酢浆草属，多年生球根花卉。株高 20~30cm，丛生，地下部分有鳞茎；叶基生，三出掌状复叶，小叶倒三角形，叶紫红色；伞房花序，花萼绿色，花瓣微向外卷，花粉红色，自然花期 3~8 月，是优秀的彩叶地被植物，可作庭院、花境、缀花草坪等。

喜凉爽通风、湿润的环境，喜半阴，耐干旱；不耐寒，忌积水。喜肥沃、排水良好的土壤。高温高湿季节须注意加强对根腐病、叶斑病、蜗牛等病虫害的防治，加强栽培环境排水和通风透光。

园区应用 在崇明花博会园区内以花境、草坪点缀等形式应用。

大花美人蕉 *Canna × generalis*

别名 大美人蕉、法国美人蕉等。

要点介绍 美人蕉科美人蕉属，多年生球根花卉。株高 1~1.5m，茎、叶、花序均被白粉，叶椭圆形，叶缘、叶鞘紫色，总状花序顶生，花大，花瓣质地柔软，直立，不反卷，花色丰富，有深红色、粉色、橙色、黄色、白色等，自然花期 6~9 月，是优秀的园林景观应用花卉，常用于花境、花坛、林缘等。

喜阳光充足、温暖湿润环境；不耐寒，忌强风。喜湿润肥沃、排水良好的土壤。栽培期间须注意加强对花叶病、蕉锈病、黑斑病等病虫害的防治。

园区应用 在崇明花博会园区内以花境、林缘、草坪点缀等形式应用。

紫叶美人蕉 *Canna warscewiezii*

别名 红叶美人蕉。

要点介绍 美人蕉科美人蕉属，多年生球根花卉。株高 1~1.5m，茎粗壮，茎叶紫色或紫褐色，被白粉；叶卵形至卵状长圆形，叶脉偶有染紫或古铜色；总状花序，苞片紫色；花深红色，唇瓣鲜红色，自然花期秋季。花叶繁茂，是优秀的园林观叶植物，常用于湿地边缘、花境、庭院等，也可作盆栽观赏。

喜阳光充足、温暖湿润的环境，稍耐水湿；不耐阴，不耐寒，忌霜冻，忌强风。喜湿润肥沃、排水良好的土壤。栽培期间须注意加强对卷叶虫、地老虎等病虫害的防治。

园区应用 在崇明花博会园区内以花境、湿地边缘点缀等形式应用。

第四章

花灌木

绣球 *Hydrangea macrophylla*

别名 八仙花、粉团花、草绣球、紫绣球等。

要点介绍 绣球科绣球属，花灌木。伞房状聚伞花序近球形，株型紧凑，花量多，花球大，花色丰富，深受市场喜爱。通过栽培技术研究，可实现绣球株型、花期、花色的人为调控，自然花期6~8月，应用于家庭园艺、园林景观绿化等。

喜温暖和半阴环境；耐湿热性强。雨季注意排水防涝，夏季避免阳光直射。花色受土壤pH值影响，可通过人工施加硫酸铝或石灰，进行花色的调蓝或调红。常见病虫害有茎腐病、炭疽病、红蜘蛛等，须做好相应防治工作。

园区应用 本届花博会主要应用的品种有‘红衣男爵’‘柏林粉’‘博登湖’‘雪球’‘早蓝’等。通过花期和花色调控，在崇明花博会园区内主要以花境、花坛、专类园等形式应用。

后花博时期 - 绣球温室生产

品种

绣球‘红衣男爵’

‘红衣男爵’是早花绣球品种，株高约 100cm；茎秆挺直，花色鲜艳，初开时为粉色，后变为红色；适宜酸性、湿润的土壤种植，喜光耐半阴；管理简便，可盆栽或庭院栽植，具有较高的观赏性。

绣球‘柏林粉’

‘柏林粉’是一类花色富有变化的绣球品种，花大，粉红色，随着时间增长而变成绿色；植株紧凑，高约 90cm；土壤 pH 值会影响花色，须种植于酸性土壤中保持其粉色；耐盐，抗病性强，半光照至全光照；老枝开花，花期夏季，可作庭院观赏，也可用作切花。

绣球‘博登湖’

‘博登湖’是一类紧凑浓密的绣球品种，株高约100cm；叶片宽卵形，锯齿状，绿色；花序大而圆，淡蓝色。喜潮湿但排水良好的土壤，以酸性或中性为宜；喜光耐半阴，在午后的阴凉处表现最佳，养护管理简便。

绣球‘雪球’

‘雪球’是一类耐寒的绣球品种，头状花序大而圆，花瓣白色，未开放时呈淡绿色；花期长，秋季仍可观赏；当季生长，新枝开花，因此不受晚春霜冻的影响；一般冬季修剪，春季从植物根部长出新芽，同年夏天开花。

绣球‘早蓝’

‘早蓝’是一类株型紧凑的绣球品种，高约 90cm；具有鲜艳的深蓝色至紫罗兰色球状花朵，花期从晚春到仲夏；适合酸性土壤种植，有助于保持花朵颜色，全光照或半光照；叶片有光泽，全年保持绿色；适合庭院或容器栽培观赏，也可用作切花，花后需适当修剪。

欧洲月季 *Rosa* hybrids

别名 洋月季。

要点介绍 泛指2010年之后，我国从欧美、日本等地引进的新品种月季。蔷薇科蔷薇属，花灌木。有直立、蔓生或攀缘品种，与国产月季相比，花色更为丰富，有绿色、蓝色、紫色，甚至黑色等，花瓣显著增加，花香更为明显。室外养护得当，可实现春、夏、秋三季开花，有强烈的视觉冲击效果，是很好的园林植物。

喜温暖、喜湿润、喜光照充足，但在夏季需注意适当遮阴。花芽分化期注意夜温不能低于6℃。喜肥，以肥沃、排水良好的微酸性土质为宜。生长期间须注意黑斑病和介壳虫等病虫害的防治。

园区应用 本届花博会主要应用的品种有‘炼金术师’‘阿波罗’‘巴洛克’‘佛罗伦蒂娜’‘月光’‘夏洛特’等。通过花期调控，在崇明花博会园区内主要以专类园、花境、花坛等形式应用。

藤本月季　*Rosa* hybrids 'Climber'

别名　藤蔓月季、爬藤月季等。

要点介绍　蔷薇科蔷薇属，落叶灌木。枝长 1~5m，藤状或蔓状，攀缘生长，茎上有尖刺，枝条萌发力强；花单生、聚生或簇生，品种丰富，有杯状、球状、盘状等花型，花色有红色、白色、粉色、黄色、橙色和复色等，花期长，四季皆可开花，常用于城市园林绿化，也可用作花墙、廊架、庭院绿化等。

喜光照充足、通风、排水良好的环境，耐寒；夏季需适当遮阴。对土壤要求不严，但富含有机质、疏松肥沃的土壤上生长更好。高温高湿季节须注意加强对白粉病等病害的防治，加强栽培环境通风。

园区应用　在崇明花博会园区内主要以花墙、廊架装饰等形式应用。

粉花绣线菊 *Spiraea japonica*

别名 日本绣线菊、尖叶绣球菊、狭叶绣球菊等。

要点介绍

蔷薇科绣线菊属，直立灌木。株高可达 1.5m，小枝近圆柱形，无毛或幼时被短柔毛；叶卵形或卵状椭圆形，先端尖，基部楔形，叶缘具缺刻状重锯齿或单锯齿；复伞房花序着生于当年生直立新枝顶端，苞片披针形，花瓣卵形或圆形，花粉红色至深粉红色，偶有白色，自然花期 6~7 月，是优秀的园林观花灌木，常用作花坛、花境、绿篱等。

喜阳光充足，光照充足时开花量大，稍耐阴，耐寒，耐干旱瘠薄。喜湿润肥沃土壤，生长季节需水分较多，但不耐积水。抗性强，病虫害极少。

园区应用

在崇明花博会园区内主要以花境、观花绿篱等形式应用。

金焰绣线菊 *Spiraea japonica* 'Goldflame'

要点介绍 蔷薇科绣线菊属，落叶小灌木。株高 60~110cm，冬芽小，有鳞片，老枝黑褐色，新枝黄褐色；单叶互生，有短叶柄，叶缘有尖锐重锯齿，新叶橙红色，夏季叶绿色，秋季叶紫红色；花序伞房状，较大，直径可达 10~20cm，淡紫红色，自然花期 6 月，是优秀的园林观花、观叶植物，常用于绿篱、花坛、花境等。

较耐阴，耐寒，耐干旱瘠薄，耐盐碱；忌水涝。喜湿润肥沃、排水良好的中性或微碱性土壤，萌蘖力强，较耐修剪。抗性强，少见病虫害。

园区应用 在崇明花博会园区内主要以绿篱、花境、花带等形式应用。

马缨丹　*Lantana camara*

别名　五色梅、臭草、如意草等。

要点介绍　马鞭草科马缨丹属，花灌木。株高 1~2m，直立或蔓生，全株被短毛，有刺激性气味，茎枝被倒钩状皮刺，单叶对生，头状花序腋生，花梗长，苞片披针形，花萼管状，花初期为黄色或粉红色，逐渐变为橘黄色或橘红色，末期为红色。全年可开花，花期长，是良好的园林地被植物。

喜阳光充足、温暖湿润环境，耐高温，耐干旱；不耐寒。对土壤要求不严，但在疏松肥沃的砂质壤土上生长更好。生长健壮，病虫害较少。

园区应用　在崇明花博会园区内主要以花境、草坪点缀等形式应用。

蔓马缨丹　*Lantana montevidensis*

别名　紫花马缨丹、小叶马缨丹等。

要点介绍　马鞭草科马缨丹属，常绿灌木。株高 20~50cm，全株被短柔毛，茎纤细，匍匐状；叶对生，卵形，先端急尖，基部楔形，叶缘有锯齿，纸质；头状花序，伞房状，总花梗长，花冠筒细长，花小，淡紫红色，花期全年，是良好的观花地被植物，可用于绿化、固土护坡等，也可用于园林造景。

喜光照充足、温暖湿润环境，耐高温，耐干旱；不耐寒冷。适应性强，不择土壤。少见病虫害。

园区应用　在崇明花博会园区内主要以花境、林缘点缀等形式应用。

叶子花 *Bougainvillea spectabilis*

别名 三角梅、簕杜鹃、九重葛等。

要点介绍 紫茉莉科叶子花属，花灌木，藤状。枝叶密生柔毛，枝具刺，叶互生，卵形或椭圆形，花序顶生或腋生，苞片椭圆状卵形，花细小，花被管绿色，狭筒形，裂片黄色。主要观赏部位为苞片，有暗红色、紫红色、橙黄色、白色等，开花多，花期长，自然花期 11 月至翌年 6 月，是很好的盆栽及庭院景观花卉。

原产于热带，喜阳光充足、温暖湿润的环境，耐干旱瘠薄；不耐阴，不耐寒，忌霜冻，不耐积水。对土壤要求不严，但在疏松肥沃、排水良好的砂质壤土上生长更好。栽培中对叶斑病、刺蛾、介壳虫等病虫害的防治以预防为主。

园区应用 在崇明花博会园区内主要以花境、草坪点缀等形式应用。

彩叶杞柳 *Salix integra* ‘Hakuro Nishiki’

别名 花叶杞柳、花叶柳等。

要点介绍 杨柳科柳属，彩叶灌木，是杞柳的一个品种。株高1~3m，无明显主干，小枝无毛，新枝粉红色，芽黄褐色，卵形，新叶先端粉白色，叶基部黄绿色，密布白色斑点，之后变为黄绿色，具粉白色斑点，观赏期春、夏、秋三季，可用于城乡绿化、园林景观绿化等。

喜阳光充足，稍耐阴，耐水湿，耐干旱，耐寒性强。对土壤要求不严，但在疏松肥沃、潮湿的土壤中生长更好。对锈病、叶斑病、金龟子类害虫等病虫害的防治主要以预防为主。

园区应用 在崇明花博会园区内主要以花境形式应用。

红花檵木 *Loropetalum chinense* var. *rubrum*

别名 红檵木、红檵花、红花继木等。

要点介绍 金缕梅科檵木属，常绿灌木或小乔木，檵木的变种。树皮暗灰或灰褐色，多分枝，嫩枝红褐色；叶革质互生，卵形，先端短尖，基部钝，不对称，叶暗红色；花 3~8 朵簇生，有短花梗，花紫红色，密被茸毛，总花梗短，自然花期 3~4 月，是优良的园林绿化树种，常用作观花绿篱、灌木球等，也可作树桩盆景等。

喜阳光充足，喜温暖，稍耐阴，但光照不足时叶片易变为绿色，耐干旱瘠薄，稍耐寒。适应性强，最宜肥沃湿润的微酸性土壤。高温高湿季节须注意加强对炭疽病、立枯病、蚜虫等病虫害的防治，加强栽培环境排水和通风透光。

园区应用 在崇明花博会园区内主要以观花绿篱、灌木球等形式应用。

锦绣杜鹃 *Rhododendron × pulchrum*

别名 毛鹃、毛杜鹃、春鹃等。

要点介绍 杜鹃花科杜鹃花属，半常绿灌木。株高 2~3m，枝粗壮，幼枝被淡棕色扁平糙毛；叶椭圆形或椭圆状披针形，先端钝尖，基部楔形；顶生花序 1~5 朵，成伞形，花梗被红棕色扁平糙毛，花萼 5 裂，裂片披针形，花冠漏斗形，花淡粉色至玫紫色，自然花期 4~5 月。枝叶繁茂，可用于林缘、池畔等，也可作花篱。

喜凉爽湿润气候，喜半阴、通风环境；忌酷热干燥，30℃以上易生长停滞。喜富含腐殖质、疏松肥沃的偏酸性土壤，忌积水。高温高湿季节常见褐斑病、红蜘蛛等病虫害，须加强防治工作，注意加强栽培环境光照和通风。

园区应用 通过花期抑制调控，延后花期，在崇明花博会园区内主要以花篱、林缘点缀等形式应用。

金叶大花六道木 *Abelia × grandiflora* 'Francis Mason'

别名 法兰西马松大花六道木、金叶六道木。

要点介绍 忍冬科糯米条属，常绿灌木，大花六道木的品种。株高可达2m，幼枝红褐色，有短柔毛；叶卵形至卵状椭圆形，边缘有疏锯齿，叶面有光泽，叶边缘黄色，中间暗绿色，叶色春季金黄色稍带绿心，夏季淡绿色，秋季霜后橙黄色；圆锥形聚伞花序顶生，花萼粉红色，花白色，自然花期6~11月，是优秀的彩叶花灌木，常用于林缘、路缘等。

耐阴，但阳光不足时叶色转绿，耐热，较耐寒，具有一定的耐干旱瘠薄能力，发枝能力强，耐修剪。高温高湿季节须加强对黑斑病、杜鹃花网蝽等病虫害的防治。

园区应用 在崇明花博会园区内主要以林缘点缀、地被等形式应用。

郁香忍冬 *Lonicera fragrantissima*

别名 四月红、香忍冬等。

要点介绍

忍冬科忍冬属，半常绿或落叶灌木。株高可达 2m，老枝灰褐色，幼枝被刚毛；叶厚纸质，卵状椭圆形至卵状披针形，先端尖；花对生于幼枝基部苞腋处，花期 2~4 月，白色或粉色，浆果鲜红色，基部合生，果期 4~5 月。枝叶繁茂，花、叶、果皆可观赏，是优秀的园林观赏灌木，常用于园路、草坪、庭院等，也可作盆景。

喜光照，较耐阴、耐寒，耐贫瘠；忌水涝。喜肥沃湿润、排水良好的土壤。性强健，栽培期间须注意加强对炭疽病、白粉病、蚜虫等病虫害的防治。

园区应用

在崇明花博会园区内主要以花境、园路两侧种植等形式应用。

薰衣草　*Lavandula angustifolia*

别名　英国薰衣草、狭叶薰衣草等。

要点介绍　唇形科薰衣草属，小灌木。株高 30~40cm，茎直立，老枝灰褐色，具条状剥落皮层；叶条形或线状披针形，被灰白色星状茸毛；轮伞花序顶生成穗状花序，被茸毛，苞片菱状卵形，上唇全缘，下唇 4 齿相等，花蓝紫色，自然花期 6~7 月。花色优美，是优秀的园林景观植物，常用于花境、专类园、地被等，也是优秀的芳香植物，可以提取精油。

喜光照充足，耐热，耐寒冷，耐干旱盐碱，耐瘠薄；不耐阴，不耐积水。喜深厚肥沃、通气性好的土壤，不耐酸性或碱性土壤。栽培期间须注意加强对叶斑病、红蜘蛛等病虫害的防治。

园区应用　本届花博会主要应用的是甜薰衣草、阔叶薰衣草等。在崇明花博会园区内主要以专类园等形式应用。

迷迭香 *Rosmarinus officinalis*

要点介绍

唇形科迷迭香属，常绿亚灌木。株高可达 2m，干皮暗灰色，有不规则纵裂，幼枝密被白色茸毛；叶簇生，线形，革质，叶面无毛，叶背密被白色茸毛；花着生于叶腋，唇形，上唇 2 浅裂，裂片卵形，花蓝紫色，自然花期 11 月，是名贵的天然香料植物，也可用作芳香花境、花坛、绿地丛植等，还可作盆栽或切花。

喜光照充足，喜温暖，较耐干旱，有一定耐寒能力；不耐盐碱，忌水涝。喜富含砂质的土壤。高温高湿季节须注意加强对根腐病、灰霉病、白粉虱等病虫害的防治。

园区应用

本届花博会主要应用匍匐迷迭香、直立迷迭香等。在崇明花博会园区内主要以花境、花坛、盆栽等形式应用。

水果蓝 *Teucrium fruticans*

别名 银石蚕、银香科科等。

要点介绍 唇形科香科科属，常绿小灌木。株高100~180cm，丛生，具地下茎和匍匐枝，全株被白色茸毛；叶对生，长卵圆形，全缘，基部楔形，先端渐尖；轮伞花序排列成假穗状花序，花萼较长，舌状花，唇形花瓣，花浅蓝色，自然花期5~6月，是优秀的观花、观叶植物，常用于花境、岩石园、林缘点缀等。

阳性树种，喜光照，稍耐阴，耐干旱瘠薄。对土壤要求不严，但以排水良好、疏松肥沃的土壤生长最佳，高温高湿季节须注意加强对灰霉病、叶腐病、蚜虫等病虫害的防治。

园区应用 在崇明花博会园区内主要以花境、岩石园等形式应用。

萼距花 *Cuphea hookeriana*

要点介绍

千屈菜科萼距花属，灌木或亚灌木。株高 30~70cm，茎直立粗糙，被粗毛，分枝细，被短柔毛；叶革质，披针形或卵状披针形，叶柄极短，叶片顶端长渐尖；花单生于叶柄之间，呈总状花序，花梗纤细，花瓣 6，上方 2 枚特大而显著，其余 4 枚极小，花深紫色，花期全年，是优秀的园林景观应用花灌木，常用作绿篱、花境、盆栽等。

喜光，喜高温环境，耐半阴，全日照和半日照下均能正常生长，耐热，耐水湿；不耐寒。喜疏松肥沃、排水良好的砂质土壤，适应性强，少见病虫害，偶有蚜虫、蜗牛等，须做好相应防治工作。

园区应用

本届花博会主要应用的品种有‘辣椒酱’等。通过花期促成调控，提前花期，在崇明花博会园区内主要以绿篱、园路边缘种植等形式应用。

金边胡颓子 *Elaeagnus pungens* 'Aurea'

要点介绍 胡颓子科胡颓子属，常绿灌木。株高 1~2m，植株圆形，枝叶稠密，枝条开展，常有刺；单叶互生，叶椭圆形至长椭圆形，革质，背面有银灰色及褐色鳞片，叶缘金黄色；花着生于叶腋，下垂，乳白色，芳香；果实椭圆形，红色，自然花期 9~11 月，果期翌年 4~5 月，是优秀的园林彩叶树种，常用于林缘、花坛、绿篱等。

喜阳光充足，耐高温，也耐阴，耐干旱瘠薄，耐寒；忌水涝。喜湿润、疏松肥沃、排水良好的砂质土壤。栽培期间须注意加强对叶斑病、锈病、红蜘蛛等病虫害的防治。

园区应用 在崇明花博会园区内主要以绿篱球、林缘点缀等形式应用。

珍珠相思 *Acacia podalyriifolia*

别名 银叶金合欢、珍珠相思树等。

要点介绍 豆科相思树属，常绿灌木或小乔木。株高 2~5m，分枝低，主干不明显，树皮灰褐色，表面较粗糙；二回羽状复叶，小叶线状长圆形，基部圆形无毛，被白粉，灰绿色或银白色；总状花序，呈毛球状，花黄色，花期 1~3 月，株型美观，是优秀的园林彩叶树种，常用于坡地绿化、水岸、园路两侧等。

喜光照，喜温暖、通风良好的环境，较耐寒，耐干旱；忌烈日暴晒。喜疏松肥沃、排水良好的土壤。栽培期间须注意加强对煤污病、枯枝病等病害的防治。

园区应用 在崇明花博会园区内主要以花境等形式应用。

金叶女贞 *Ligustrum × vicaryi*

要点介绍 木樨科女贞属，落叶灌木。株高 2~3m，枝灰褐色，嫩枝有短毛；单叶对生，叶薄革质，长椭圆形，先端尖，基部楔形，叶全缘，新叶金黄色，老叶黄绿色至绿色；总状花序，花多，小花白色筒状，核果紫黑色，自然花期 5~6 月，果期 10 月，是优秀的园林彩叶树种，常用于绿篱、花坛、地被等。

喜光照充足，喜冷凉气候；耐阴性差，耐寒力中等。喜疏松肥沃、透气性好的砂质土壤。栽培期间须注意加强对叶斑病、褐斑病、介壳虫等病虫害的防治。

园区应用 在崇明花博会园区内主要以绿篱、绿带、花坛等形式应用。

雀舌黄杨 *Buxus bodinieri*

别名 细叶黄杨、小黄杨等。

要点介绍

黄杨科黄杨属，常绿灌木。株高 3~4m，枝圆柱形，小枝四棱形，被短柔毛，后变无毛；叶薄革质，通常匙形，先端圆或钝，基部狭长楔形，叶面绿色，叶背苍灰色；头状花序，腋生，小花密集，花黄绿色，花期 2 月，是优秀的观叶植物，常用于绿篱、花坛、盆栽等。

喜阳光充足、温暖湿润的环境，较耐寒，耐半阴，耐干旱，较耐修剪。喜疏松肥沃、排水良好的土壤。栽培期间须注意加强对炭疽病、叶斑病、介壳虫等病虫害的防治。

园区应用

在崇明花博会园区内主要以绿篱、花坛等形式应用。

紫花醉鱼草 *Buddleja fallowiana*

别名 米阳花、蓝花密蒙花等。

要点介绍 玄参科醉鱼草属，灌木。株高 1~5m，枝条圆柱形，被毛；叶对生，卵形至卵状披针形，叶缘有细锯齿；聚伞花序顶生，花序穗状，小花密集，花冠裂片卵形，花紫色，喉部橙色，花期 5~10 月。花繁叶茂，是优秀的园林景观植物，常用于园路两侧、草坪边缘、坡地等。

喜光照，喜温暖气候，稍耐寒、耐阴，耐热，适应性强，耐干旱瘠薄。喜湿润肥沃、排水良好的土壤。栽培期间须注意加强黑斑病等病害的防治。

园区应用 在崇明花博会园区内主要以花篱、池畔种植等形式应用。

变叶木 *Codiaeum variegatum*

别名 洒金榕、变色月桂等。

要点介绍

大戟科变叶木属，灌木或小乔木。株高可达 2m，茎直立，无毛，分枝多；单叶互生，叶薄革质，两面无毛，品种丰富，叶片卵圆形至线形，全缘、深裂或浅裂，叶色有黄色、绿色、橙色、红色、褐色等，具斑纹或斑块；总状花序，雄花白色，雌花淡黄色，花期 9~10 月。叶色、叶形千变万化，是优秀的彩叶植物，常用于公园、绿地等，也可用于室内装饰或作切花材料。

喜光照充足，温暖、高湿的环境，耐高温；不耐寒，不耐干旱。积水易烂根，喜疏松、肥沃、排水良好的土壤。栽培期间须注意加强对介壳虫、红蜘蛛、蚜虫等虫害的防治。

园区应用

在崇明花博会园区内主要以花境、地被、园路点缀等形式应用。

一品红 *Euphorbia pulcherrima*

别名 圣诞花、猩猩木等。

要点介绍 大戟科大戟属，常绿灌木。株高 1~3m，茎直立，无毛，有乳汁；叶片互生，长椭圆形或披针形，叶缘全缘或浅裂，叶背被柔毛；花序杯状，呈聚伞状排列，总苞花瓣状，大型，是主要的观赏部位，品种丰富，花色艳丽，有红色、粉红色、白色、黄色等，花期长，自然花期 10 月至翌年 4 月，是优秀的室内观赏植物，也可用于花坛、花境等。

短日照植物，喜光照充足、温暖湿润环境；不耐寒，忌霜冻，不耐干旱，忌水湿。喜疏松肥沃、排水良好的砂质土壤。栽培期间须加强对灰霉病、根腐病等病虫害的防治。

园区应用 在崇明花博会园区内主要以花境、园路点缀等形式应用。

后花博时期 - 一品红温室生产

非洲天门冬 *Asparagus densiflorus*

别名 万年青、密叶天门冬等。

要点介绍 天门冬科天门冬属，常绿半灌木。株高可达 1m，茎和分枝有纵棱；叶状枝扁平，条形，先端锐尖，叶片鳞状，茎生叶基部具刺，分枝上的叶片无刺；总状花序单生或对生，花期 6~8 月，花白色，浆果红色，果期 10~12 月，是良好的园林景观应用植物，常用于公园、绿地等。

喜光照充足，喜温暖湿润，较耐阴，耐干旱瘠薄；不耐寒，忌积水。生长期要求土壤湿润。栽培期间须加强对叶枯病、介壳虫等病虫害的防治。

园区应用 在崇明花博会园区内主要以花境、地被等形式应用。

朱蕉 *Cordyline fruticosa*

别名 红铁树、也门铁等。

要点介绍 天门冬科朱蕉属，常绿灌木。株高 1~3m，茎干直立细长，偶有分枝，节明显；叶聚生茎顶，长圆形或椭圆状披针形，叶绿色或紫红色，基部抱茎，先端渐尖；圆锥花序生于叶腋，侧枝基部有大苞片，花淡红色、青紫色或黄色，花期 11 月至翌年 3 月。株型美观，是优秀的室内观叶植物，常用于室内盆栽观赏，也可用于花坛、花境、庭院栽培等。

全日照、半日照或荫蔽处均能生长，较耐热，喜高温湿润环境；不耐烈日暴晒，不耐寒，不耐干旱，忌积水。喜富含腐殖质、排水良好的酸性土壤，忌碱性土。栽培期间须注意加强对软腐病、叶斑病等病害的防治。

园区应用 在崇明花博会园区内主要以花境、园路点缀等形式应用。

香龙血树 *Dracaena fragrans*

别名 巴西木、金心巴西铁等。

要点介绍 天门冬科龙血树属，常绿小乔木。盆栽株高 50~100cm，茎干粗壮直立，多分枝，树皮灰褐色，皮状剥落；叶簇生茎顶，无叶柄，长椭圆状披针形或宽条形，前端向下弯曲成弓形；穗状花序，花小，无观赏性。株型优美，是优秀的室内观叶植物，常用于室内盆栽观赏，也可用于花坛、花境等。

喜阳光充足、温暖湿润的环境，较耐阴；不耐寒冷，忌霜冻，忌水涝。喜疏松肥沃、排水良好的微酸性土壤。栽培期间须注意加强对叶斑病、炭疽病、介壳虫等病虫害的防治。

园区应用 在崇明花博会园区内主要以花境、林缘点缀等形式应用。

黄金络石 *Trachelospermum asiaticum* 'Ougon Nishiki'

要点介绍 夹竹桃科络石属，常绿木质藤本，亚洲络石的栽培种。株长可达 10m，小枝被短柔毛；叶对生，革质，椭圆形至卵状椭圆形，新叶橙红色，其他叶金黄色，叶面有墨绿色和红色斑点，叶脉绿色，常年叶色斑斓；花白色，花期 5 月。攀缘能力强，叶色艳丽，是优秀的园林地被植物，常用于花境、垂直绿化等，也可用于垂吊观赏。

喜光照，喜温暖，较耐阴、耐寒，耐干旱，可耐短期水涝；忌夏日强光直射。喜排水良好的酸性至中性土壤。栽培期间须加强对叶斑病、红蜘蛛等病虫害的防治。

园区应用 在崇明花博会园区内主要以花境、溪流岸边种植等形式应用。

第五章

水生花卉

莲 *Nelumbo nucifera*

别名 荷花、菡萏、水芙蓉、芙蕖、藕花等。

要点介绍

莲科莲属，多年生水生草本。地下茎膨大且分节，称为藕；叶片盾状圆形，具有辐射状叶脉，叶片全缘或稍呈波状；花单生，挺出水面，花色丰富，有粉色、红色、白色、黄色等，自然花期6~9月，是极佳的观赏性水生花卉。

喜阳光，喜温暖，耐寒；不耐干旱，须种植于湿地或河边，在0.3~1.2m的浅水中生长最佳。在种植中须避免连作，降低病虫害发生率。

园区应用

本届花博会主要应用的品种有‘粉妆仙子’‘绛罗袍’‘金陵晨光’‘申城火种’等。通过加温、补光等精准花期调控，实现5~7月园区应用。

银边花菖蒲 *Iris ensata* 'Variegatum'

别名 银边玉蝉花、花叶玉蝉花等。

要点介绍 鸢尾科鸢尾属，多年生挺水花卉，玉蝉花的栽培品种。株高0.5~1m，根状茎短粗，斜伸，须根灰白色；叶基生，两侧有多数平行脉，叶缘镶银白色边；花茎圆柱形，长40~80cm，花大，深紫色，自然花期6~7月。叶片白绿相间，是优秀的园林水景花卉，常用于水景园、专类园等。

喜阳光充足、温暖湿润环境。喜富含腐殖质的微酸性土壤，耐湿润，在池塘或溪流的边缘生长良好。栽培期间须注意加强对灰霉病、茎腐病、蛞蝓等病虫害的防治。

园区应用 在崇明花博会园区内主要以花境、水景园等形式应用。

黄菖蒲 *Iris pseudacorus*

别名 黄花菖蒲、黄花鸢尾、水生鸢尾等。

要点介绍 鸢尾科鸢尾属，多年生挺水花卉。株高 50~70cm，根状茎粗壮，直径可达 2.5cm；基生叶灰绿色，宽剑形，中肋明显，花茎与叶近等长，上部有分枝，茎生叶较短、窄，垂瓣上部长椭圆形，具褐色斑纹，自然花期 5 月，是少有的水生和陆生兼备的花卉，常用于水边丛植、池畔、水景园等。

喜阳光充足、温暖湿润环境，耐寒耐热，耐干旱，耐水湿。喜肥沃土壤，在水边栽植生长更好。栽培期间须注意加强对叶枯病、根腐病、花叶病等病害的防治。

园区应用 在崇明花博会园区内主要以水边丛植、水景园等形式应用。

水竹芋 *Thalia dealbata*

别名 再力花、水莲蕉、塔利亚等。

要点介绍 竹芋科水竹芋属，多年生挺水花卉。株高 80~150cm，地下根茎发达；叶 4~6 枚基生，叶柄长 40~80cm，叶片卵状披针形至长椭圆形，叶尖急尖；复总状花序，花柄长可达 2m 以上，小花无柄，苞片状，花紫色，花期长，自然花期 4~10 月。株型优美，是优秀的水生花卉，常用于花境、水池边、湿地等，也可作盆栽或庭院装饰。

喜光照充足、温暖湿润的环境，耐半阴；不耐寒。喜富含有机质、微碱性的土壤。夏季高温强光时须适当遮阴，适当修剪，加强通风透光。

园区应用 在崇明花博会园区内主要以花境、水景园、水边丛植等形式应用。

花叶芦竹 *Arundo donax* 'Versicolor'

别名 变叶芦竹、斑叶芦竹、玉带草等。

要点介绍 禾本科芦竹属，多年生挺水草本。株高 0.5~1.5m，具根状茎，粗壮，近木质化；秆直立坚韧，分枝多；叶鞘生于节间，叶片扁平，有白色纵向条纹，基部抱茎；圆锥花序顶生，分枝多，花小，白色，自然花期 9~10 月。株型挺拔，叶具条纹，是优秀的水生园林景观植物，常用于池边、山石旁、水景点缀等，也可作盆栽或切花。

喜光照充足、温暖湿润环境，较耐寒，耐水湿。喜疏松肥沃、排水良好的砂质土壤。适应性强，少见病虫害，栽培期间偶有红蜘蛛等病虫害发生，须做好相应防治措施。

园区应用 在崇明花博会园区内主要以水景园、水池边丛植等形式应用。

水葱 *Schoenoplectus tabernaemontani*

别名 南水葱、冲天草等。

要点介绍 莎草科水葱属，多年生挺水草本。株高 1~2m，地下根茎粗壮，横走；茎直立，圆柱形，中空，基部有管状叶鞘；叶片自茎基部着生，线形，细长；聚伞花序顶生，有许多辐射枝，小穗单生或簇生，淡黄褐色，花期 6~8 月。株丛翠绿，是优秀的园林水景植物，常用于水面绿化、岸边点缀等，也可盆栽观赏。

喜光照充足、温暖湿润环境，较耐阴、耐寒；不耐酷热。适应性强，不择土壤。栽培期间须注意加强对紫斑病、葱锈病等病害的防治。

园区应用 在崇明花博会园区内主要以池边点缀、水面绿化等形式应用。

参考文献

包满珠，2011. 花卉学 [M].3 版 . 北京：中国农业出版社 .

蔡友铭，胡永红，2022. 上海新花卉 [M]. 上海：上海科学技术出版社 .

陈有民，2011. 园林树木学 [M].2 版 . 北京：中国林业出版社 .

李祖清，2003. 花卉园艺手册 [M]. 成都：四川科学技术出版社 .

刘兴剑，孙起梦，任全进，2020. 城市园林美花 350 种图鉴 [M]. 北京：化学工业出版社 .

刘燕，2016. 园林花卉学 [M].3 版 . 北京：中国林业出版社 .

卢思聪，徐峰，赵梁军，等，1999. 观叶植物 [M]. 郑州：河南科学技术出版社 .

王琼，朱彬，俞爱军，等，2023. 绣球杂交育种技术流程概述 [J]. 上海农业科技 (4):107-108, 134.

夏宜平，2023. 园林花卉景观设计 [M].2 版 . 北京：化学工业出版社 .

闫双喜，刘保国，李永华，2013. 景观园林植物图鉴 [M]. 郑州：河南科学技术出版社 .

杨娟，池坚，叶志琴，等，2021. 第十届中国花卉博览会花卉选择与花境设计 [J]. 园林 ,38(7):10-16.

叶志琴，杨娟，2022. 菊花新品种‘紫鬓云’[J]. 园艺学报 ,49(S2):173-174.

张睿婧，杨娟，池坚，2022. 荷花促成栽培技术 [J]. 现代农业科技 (12): 65-66, 69.